essentials

essentials liefern aktuelles Wissen in konzentrierter Form. Die Essenz dessen, worauf es als „State-of-the-Art" in der gegenwärtigen Fachdiskussion oder in der Praxis ankommt. *essentials* informieren schnell, unkompliziert und verständlich

- als Einführung in ein aktuelles Thema aus Ihrem Fachgebiet
- als Einstieg in ein für Sie noch unbekanntes Themenfeld
- als Einblick, um zum Thema mitreden zu können

Die Bücher in elektronischer und gedruckter Form bringen das Expertenwissen von Springer-Fachautoren kompakt zur Darstellung. Sie sind besonders für die Nutzung als eBook auf Tablet-PCs, eBook-Readern und Smartphones geeignet. *essentials:* Wissensbausteine aus den Wirtschafts-, Sozial- und Geisteswissenschaften, aus Technik und Naturwissenschaften sowie aus Medizin, Psychologie und Gesundheitsberufen. Von renommierten Autoren aller Springer-Verlagsmarken.

Weitere Bände in dieser Reihe http://www.springer.com/series/13088

Jörn Pachl

Sicherungstechnik für Bahnen im Stadtverkehr

Jörn Pachl
Technische Universität Braunschweig
Braunschweig, Deutschland

ISSN 2197-6708   ISSN 2197-6716   (electronic)
essentials
ISBN 978-3-658-16413-3   ISBN 978-3-658-16414-0   (eBook)
DOI 10.1007/978-3-658-16414-0

Die Deutsche Nationalbibliothek verzeichnet diese Publikation in der Deutschen Nationalbibliografie; detaillierte bibliografische Daten sind im Internet über http://dnb.d-nb.de abrufbar.

Springer Vieweg

Gedruckt auf säurefreiem und chlorfrei gebleichtem Papier

Springer Vieweg ist Teil von Springer Nature
Die eingetragene Gesellschaft ist Springer Fachmedien Wiesbaden GmbH
Die Anschrift der Gesellschaft ist: Abraham-Lincoln-Str. 46, 65189 Wiesbaden, Germany

Was Sie in diesem *essential* finden können

- Eine grundlegende Einführung in die sicherungstechnischen Prinzipien der Bahnen im Stadtverkehr
- Beschreibung der wesentlichen Besonderheiten auf BOStrab-Bahnen mit Zugsicherung gegenüber den nach EBO betriebenen Eisenbahnen
- Erläuterung der Fahrwegsicherung bei Straßenbahnen

Vorwort

Der schienengebundene Personennahverkehr innerhalb von Großstädten wird in Abhängigkeit von der Verkehrsnachfrage und dem Bedienungskonzept mit Stadtschnellbahnen und Straßenbahnen abgewickelt. Stadtschnellbahnen sind vom Straßenverkehr unabhängig geführte Bahnsysteme zur Beförderung großer Fahrgastzahlen. Die Betriebsführung orientiert sich an den Grundsätzen des allgemeinen Eisenbahnverkehrs, es gibt aber Besonderheiten, die aus den speziellen Anforderungen an diese Bahnen resultieren. Straßenbahnen nehmen am Straßenverkehr teil und unterliegen damit als spurgeführtes System auch den Regeln des Straßenverkehrs. Dies erfordert Betriebsverfahren, die sich vollkommen von denen des Eisenbahnverkehrs unterscheiden.

Verfügbare Lehrbücher auf dem Gebiet der Bahnsicherungstechnik konzentrieren sich traditionell auf die im Eisenbahnbetrieb geltenden Grundsätze. Auf Besonderheiten bei Stadtschnellbahnen und Straßenbahnen wird eher am Rande verwiesen. Dies wird der großen Bedeutung dieser Bahnsysteme für den öffentlichen Personenverkehr nicht gerecht. Für Vorlesungen an der TU Braunschweig entstand als systematische Einführung in das Thema der Sicherungstechnik der Bahnen im Stadtverkehr ein Skript, das jetzt in Form dieses *essentials* der Allgemeinheit zugänglich gemacht wird. Da sich die Darstellung auf die vom allgemeinen Eisenbahnverkehr abweichenden Besonderheiten der Bahnen im Stadtverkehr konzentriert, werden beim Leser Grundkenntnisse im Eisenbahnbetrieb (Signalsysteme, Block- und Fahrstraßensicherung, Zugbeeinflussung) vorausgesetzt. Eine fundierte Einführung in die systemtechnischen Zusammenhänge des Bahnbetriebes findet sich in (Pachl 2016a).

Braunschweig, Deutschland

Jörn Pachl

Inhaltsverzeichnis

Allgemeine Anforderungen an die Sicherungstechnik

1

Die Anforderungen an die Sicherungstechnik hängen sowohl von der aufsichtsrechtlichen Zuordnung als auch der verkehrlichen Charakteristik einer Bahn im Stadtverkehr ab. Aufsichtsrechtlich ist relevant, ob eine Bahn nach den Regeln der Eisenbahnen des öffentlichen Verkehrs oder denen der Straßenbahnen betrieben wird. In verkehrlicher Hinsicht kann man zwischen Stadtschnellbahnen und Straßenbahnen unterscheiden. Stadtschnellbahnen sind leistungsfähige Bahnsysteme, die unabhängig vom Straßenverkehr geführt sind. Auch wenn nicht alle Stadtschnellbahnen aufsichtsrechtlich als Eisenbahnen gelten, sind die Sicherungsanlagen denen der Eisenbahn ähnlich. Straßenbahnen nehmen am Straßenverkehr teil und unterliegen damit den sicherheitlichen Regeln des Straßenverkehrs.

1.1 Klassifizierung der Bahnen im Stadtverkehr

Bahnen im Stadtverkehr lassen sich nach unterschiedlichen Gesichtspunkten klassifizieren, wobei sowohl die rechtliche Einordnung als auch die Einteilung nach der verkehrlichen Funktion nicht unbedingt die für die Sicherungstechnik maßgebenden Charakteristiken abbilden.

In rechtlicher Hinsicht können Bahnen im Stadtverkehr in Deutschland sowohl nach der Eisenbahn-Bau- und Betriebsordnung (EBO) als auch nach der Verordnung über den Bau und Betrieb der Straßenbahnen (BOStrab) betrieben werden. Unterschiede in der Anwendung liegen nicht im geforderten Sicherheitsniveau, sondern darin, dass die EBO, da für das landesweite Bahnsystem gedacht, ein hohes Maß an Standardisierung vorschreibt. Die BOStrab ist hingegen für

© Springer Fachmedien Wiesbaden GmbH 2017
J. Pachl, *Sicherungstechnik für Bahnen im Stadtverkehr,* essentials,
DOI 10.1007/978-3-658-16414-0_1

Inselbetriebe ohne Fahrzeugübergang in andere Netze gedacht und ermöglicht daher größere Freiheitsgrade in der Wahl der Systemparameter. Nach BOStrab betriebene Bahnen gelten in Deutschland aufsichtsrechtlich nicht als Eisenbahnen. Diese rechtliche Abgrenzung findet man auch in vielen anderen Ländern, z. B. in Österreich und selbst in den USA. Es gibt aber auch Länder, wo diese rechtliche Abgrenzung nicht besteht. Ein Beispiel ist die Schweiz, wo die Schweizerische Eisenbahnverordnung (EBV) für alle Schienenbahnen gilt, und demzufolge auch Straßenbahnen aufsichtsrechtlich Eisenbahnen sind.

In verkehrlicher Hinsicht gibt es bei Bahnen im Stadtverkehr die grundlegende Unterscheidung zwischen Stadtschnellbahnen und Straßenbahnen.

Eine *Stadtschnellbahn* ist ein leistungsfähiges Bahnsystem zur Abwicklung des Personennahverkehrs in Großstädten und Ballungsräumen. Für Stadtschnellbahnen sind dichte Zugfolgen und hohe Beförderungsgeschwindigkeiten charakteristisch. Eine Stadtschnellbahn kann in Deutschland sowohl nach EBO als auch nach BOStrab betrieben werden. Dabei werden die nach EBO betriebenen Stadtschnellbahnen als *S-Bahnen,* und die nach BOStrab betriebenen Stadtschnellbahnen als *U-Bahnen* bezeichnet. Allerdings hat nicht jede deutsche S-Bahn den Charakter einer Stadtschnellbahn. In einigen Städten, insbesondere in der Größenordnung um 0,5 Mio. Einwohner, hat die S-Bahn eher den Charakter einer Stadt- und Vorortbahn. Typische Beispiele sind Hannover, Leipzig, Dresden und Stuttgart. Mitunter werden ganze Regionen bedient, die weit über die Vororte der Kernstädte hinausgehen. Ein Beispiel ist die S-Bahn Mitteldeutschland, die ausgehend vom Raum Halle/Leipzig ein ausgedehntes Regionalnetz mit Strecken in drei Bundesländern bedient. Erst ab einer Größe von ca. 1,0 Mio. Einwohner nimmt die S-Bahn den Charakter einer echten Stadtschnellbahn an. Typische Beispiele sind Berlin, Hamburg, München und Frankfurt am Main. In der BOStrab werden Stadtschnellbahnen als „unabhängige Bahnen" bezeichnet. Das entscheidende Charakteristikum einer unabhängigen Bahn ist, dass keine Teilnahme am Straßenverkehr besteht, auch nicht im Bereich einzelner Verkehrsknoten. Sie gelten damit zwar aufsichtsrechtlich als Straßenbahnen, jedoch nicht im verkehrstechnischen Sinne. Höhengleiche Kreuzungen zwischen einer unabhängigen Bahn und einer Straße werden immer als Bahnübergänge ausgeführt und unterscheiden sich nicht von höhengleichen Kreuzungen zwischen Eisenbahnen und Straßen. Wegen der dichten Zugfolge werden jedoch die meisten Kreuzungen zwischen Stadtschnellbahnen und Straßen höhenfrei ausgeführt.

Eine *Straßenbahn* ist eine Schienenbahn, deren Fahrzeuge auf straßenbündigem Bahnkörper am Straßenverkehr teilnehmen. Straßenbahnen werden immer nach BOStrab betrieben. In der BOStrab werden, da aufsichtsrechtlich auch die

U-Bahnen zu den Straßenbahnen zählen, die „eigentlichen" Straßenbahnen als straßenabhängige Bahnen bezeichnet. Die Teilnahme am Straßenverkehr kann dabei auf den Bereich der Verkehrsknoten beschränkt sein. Straßenbahnen mit einer weitgehenden Trennung vom Straßenverkehr werden in einigen Städten aus Marketinggründen als „Stadtbahnen" bezeichnet. Unbenommen dessen sind es Straßenbahnen. Im Ausland werden solche modernen Straßenbahnsysteme häufig als „light rail transit (LRT)" bezeichnet, um sie von den eher traditionellen Straßenbahnsystemen (trams, streetcars) abzugrenzen.

1.2 Forderungen des Gesetzgebers zur Sicherungstechnik

Forderungen der EBO

In der EBO sind bedingt durch die historisch gewachsene Gliederung die Sicherungsgrundsätze auf verschiedene Paragrafen und Abschnitte verteilt.

An die Sicherung der Zugfolge bestehen in der EBO folgende Anforderungen:

- Fahren im Raumabstand auf allen Strecken mit mehr als 30 km/h, Abweichungen zulässig bei Störungen und Gleissperrungen [§ 39 (3), (4)]
- Streckenblock auf allen Hauptbahnen mit besonders dichter Zugfolge [§ 15 (1)]
- Zugfunk auf allen Strecken ohne Streckenblock mit Reisezugverkehr oder mit mehr als 30 km/h [§ 16 (4)].

Eine dichte Zugfolge ist auf Stadtschnellbahnen immer gegeben, sodass überall Streckenblocksicherung erforderlich ist. Damit ist die Forderung des § 16 hinfällig, wenngleich Zugfunk auf Stadtschnellbahnen ohnehin zur Standardausrüstung gehört. Problematisch ist auf dicht befahrenen Stadtschnellbahnen die Forderung des § 15, der ein Abweichen vom Fahren im Raumabstand nur bei Störungen bei Störungen und Gleissperrungen erlaubt. Damit ist das bei Stadtschnellbahnen zur Vermeidung zeitraubender Rückfallebenen übliche permissive Fahren, bei dem Züge an Hauptsignalen, die nur der Zugfolgeregelung dienen, bei Haltstellung ohne besonderen Auftrag des Fahrdienstleiters vorsichtig auf Sicht weiterfahren dürfen, von der EBO nicht sanktioniert. Die Anwendung des permissiven Fahrens auf S-Bahnen ist daher nur mit Ausnahmegenehmigung des Bundesministers für Verkehr möglich. Eine solche Ausnahmegenehmigung besteht zurzeit für die mit Gleichstrom betriebenen S-Bahnen in Berlin und Hamburg.

An die Fahrwegsicherung bestehen in der EBO folgende Anforderungen:

- Signalabhängigkeit für alle von Zügen gegen die Spitze befahrenen Weichen [§ 14 (9), (10)]
- Fahrstraßenfestlegung für alle von Reisezügen gegen die Spitze befahrenen Weichen [§ 14(9)]
- Flankenschutzvorkehrungen für Reisezüge, bei mehr als 160 km/h in Bahnhöfen und Anschlussstellen durch Schutzweichen [§ 14 (11)].

Da auf Stadtschnellbahnen Personen befördert werden, verkehren die Züge ausschließlich auf durch Signalabhängigkeit, Fahrstraßenfestlegung und Flankenschutz gesicherten Fahrstraßen. Obwohl in der EBO nicht gefordert, werden in die Fahrstraßensicherung auch stumpf befahrene Weichen einbezogen. Da die Geschwindigkeit auf Stadtschnellbahnen unter 160 km/h liegt, besteht keine zwingende Forderung, den Flankenschutz durch Schutzweichen zu bewirken.

An die Zugbeeinflussung bestehen in der EBO für Hauptbahnen folgende Anforderungen:

- auf allen Strecken Zugbeeinflussung, durch die ein Zug selbsttätig zum Halten gebracht und ein unzulässiges Anfahren gegen Halt zeigende Signale überwacht werden kann [§ 15 (2)]
- auf Strecken mit einer zulässigen Geschwindigkeit von mehr als 160 km/h Zugbeeinflussung, durch die ein Zug zum Halten gebracht und außerdem geführt werden kann [§ 15 (3)].

Stadtschnellbahnen gelten als Hauptbahnen, somit sind abweichende Regeln für Nebenbahnen irrelevant. Da die Geschwindigkeit von Stadtschnellbahnen nicht mehr als 160 km/h beträgt, ist die Ausrüstung mit linienförmiger Zugbeeinflussung gesetzlich nicht gefordert. Unabhängig davon kann der Einsatz einer linienförmigen Zugbeeinflussung zur Steigerung der Leistungsfähigkeit sinnvoll sein (z. B. S-Bahn München).

Forderungen der BOStrab

In der BOStrab wird hinsichtlich der Sicherungstechnik zwischen Bahnen mit und ohne Zugsicherung unterschieden. Der Begriff der Zugsicherung umfasst dabei die Kriterien der technischen Fahrweg- und Zugfolgesicherung und der Zugbeeinflussung, wobei in der Terminologie der BOStrab die Fahrwegsicherung nicht von der Zugfolgesicherung abgegrenzt wird, sondern diese mit einschließt.

Zugsicherungsanlagen sind gemäß § 22 (2) Anlagen zum Sichern und Steuern des Fahrbetriebes. Sie dienen dazu,

1. die Fahrwege einzustellen und zu sichern
2. den Zügen Aufträge über die Fahrweise zu übermitteln
3. die Fahrweise der Züge technisch zu überwachen und bei gefährdenden Abweichungen zu beeinflussen.

Auf Strecken mit Zugsicherung gelten gemäß § 22 (2) Fahrwege als gesichert, wenn

1. mindestens der Bremswegabstand von sicherungstechnisch erfassbaren Hindernissen frei ist und freigehalten wird
2. die zugehörigen Weichen formschlüssig festgelegt sind
3. die zulässigen Geschwindigkeiten bei den Aufträgen über die Fahrweise berücksichtigt sind.

Als „sicherungstechnisch erfassbare Hindernisse" gelten nicht nur Fahrzeuge im Gleis, sondern auch fehlender Flankenschutz und nicht ausgeschlossene feindliche Fahrten. In der Konsequenz ergeben sich daraus die gleichen Grundsätze, wie sie auch die EBO zur Fahrweg- und Zugfolgesicherung sowie zur Zugbeeinflussung fordert.

Die BOStrab fordert Zugsicherung auf allen unabhängigen Bahnen sowie auf Straßenbahnen auf Tunnelstrecken und in Bereichen mit unabhängigem Bahnkörper und einer Geschwindigkeit von mehr als 70 km/h.

> Im Geltungsbereich der EBO wird der Begriff Zugsicherung nicht verwendet und ist daher in der EBO auch nicht definiert. Die gelegentlich anzutreffende Verwendung des Begriffs Zugsicherung im Sinne von Zugbeeinflussung ist daher bei deutschen Eisenbahnen nicht korrekt. Demgegenüber wird in der Schweiz, wo eine Analogie zur deutschen Unterscheidung zwischen EBO und BOStrab nicht existiert, der Begriff Zugsicherung offiziell im Sinne von Zugbeeinflussung und nicht im Sinne der hier angeführten Definition der deutschen BOStrab verwendet.

1.3   Charakteristik der Sicherungstechnik auf Stadtschnellbahnen

Bedingt durch die hohen Leistungsanforderungen in städtischen Verkehrssystemen sind im Gegensatz zu deutschen Fernbahnen Altanlagen aus der Vorkriegszeit vollständig verschwunden. Selbst Relaisanlagen werden bei vielen Nahverkehrsbetrieben zunehmend durch elektronische Stellwerke ersetzt. Die durchgehende technische Gleisfreimeldung und die Zugfolgesicherung durch selbsttätigen Streckenblock sind allgemeiner Standard.

Die Blocksysteme sind auf sehr dichte Zugfolgen ausgelegt, wofür häufig besondere Signalanordnungen vorgesehen werden (verkürzte Blockabschnitte, Nachrücksignale). Die Betriebssteuerung ist hochgradig zentralisiert, örtlich besetzte Stellwerke sind bei vielen Betrieben vollständig verschwunden. Die Automatisierung der Fahrstraßeneinstellung durch Zuglenkanlagen ist sehr verbreitet. Bei der Stellwerkslogik dominiert das tabellarische Prinzip (Fahrstraßenstellwerke). Stellwerke mit geografischer Fahrstraßenlogik (Spurplanstellwerke) sind eher unüblich, da ihre Vorteile bei den im Nahverkehr typischen einfachen Gleistopologien nicht zum Tragen kommen.

Besonderheiten auf BOStrab-Strecken mit Zugsicherung

Obwohl auf BOStrab-Strecken mit Zugsicherung Sicherungsgrundsätze gelten, die denen der Eisenbahnen vergleichbar sind (Fahrweg- und Zugfolgesicherung, Zugbeeinflussung, fahrwegseitige Betriebssteuerung), gibt es Besonderheiten, die von den nach EBO betriebenen Bahnen abweichen. Dies betrifft neben einer weniger kleinteiligen Begriffs- und Definitionswelt auch spezielle Funktionen, die auf die betrieblichen Anforderungen von Nahverkehrssystemen mit sehr dichten Zugfolgen ausgelegt sind.

2.1 Einteilung der Signale

Im Bereich der EBO ist die betriebliche Einteilung der Signale stark durch die Definition des Bahnhofs und die daraus resultierende Abgrenzung zwischen Bahnhof und freier Strecke geprägt. Die Rolle eines Signals hängt davon ab, ob die Fahrt von einem Streckengleis in ein Bahnhofsgleis (Einfahrsignal), von einem Bahnhofsgleis in ein Bahnhofsgleis (Zwischensignal), von einen Bahnhofsgleis in ein Streckengleis (Ausfahrsignal) oder von einen Streckengleis in ein Streckengleis (Blocksignal) führt.

In der BOStrab existieren derartige Definitionen nicht. Da die BOStrab nicht für das landesweite Bahnsystem, sondern für Inselbetriebe im Nahverkehr ohne freien Netzzugang gedacht ist, besteht kein Bedarf an netzübergreifender Standardisierung. Daher ist auch die betriebliche Definitionswelt nicht in der Rechtsverordnung vorgegeben, sondern wird weitgehend den Betreibern überlassen. So gibt es durchaus Betreiber, die die Bezeichnung Bahnhof verwenden, z. B. die Berliner U-Bahn, jedoch nicht im Sinne der EBO, sondern für Verkehrsstationen mit Bahnsteighalt. Bei anderen Betreibern werden Verkehrsstationen anders bezeichnet, z. B. bei der Hamburger Hochbahn als Haltestellen.

© Springer Fachmedien Wiesbaden GmbH 2017

J. Pachl, *Sicherungstechnik für Bahnen im Stadtverkehr,* essentials,

DOI 10.1007/978-3-658-16414-0_2

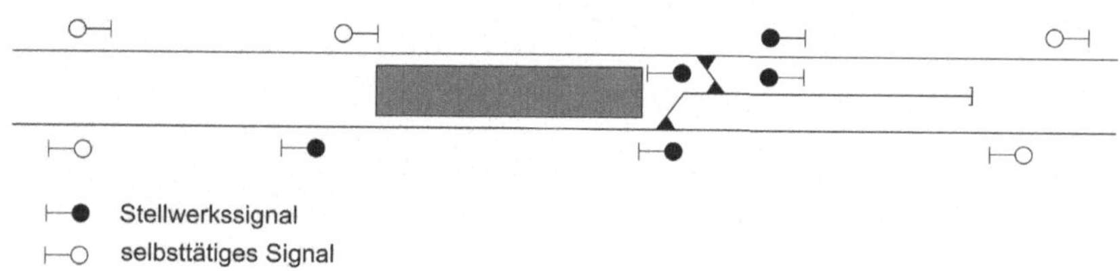

Abb. 2.1 Charakteristische Anordnung von Stellwerkssignalen und selbsttätigen Signalen an einer kleinen Station mit Wendeanlage

Durch den Wegfall der betrieblichen Abgrenzung zwischen Bahnhof und freier Strecke existieren nur zwei grundsätzliche Arten von Signalen (Abb. 2.1):

- Stellwerkssignale
- selbsttätige Signale.

An einem Stellwerkssignal beginnt immer eine Fahrstraße, die bis zum nächsten Signal reicht. Dieses kann sowohl ein Stellwerkssignal oder ein selbsttätiges Signal sein. Stellwerkssignale sind immer vorzusehen, wenn sich im Fahrweg oder Durchrutschweg Weichen oder andere zu steuernde Fahrwegelemente befinden (z. B. Gleistore, Systemtrennstellen), sowie wenn Ausschlüsse mit anderen Fahrten herzustellen sind (kreuzende Fahrten, Gegenfahrten). Stellwerkssignale können auch an anderen Stellen vorgesehen werden, wenn die Weiterfahrt des Zuges aus Gründen der Betriebsregelung von einer Mitwirkung des Fahrdienstleiters abhängig gemacht werden soll, z. B. zur Anschlusssicherung in Umsteigestationen.

2.2   Einstellen und Auflösen der Fahrstraßen

Eine Fahrstraße ist ein technisch gesicherter Fahrweg, der die Voraussetzungen für die Zulassung einer Zugfahrt erfüllt. Für das Auf-Fahrt-Stellen eines Stellwerkssignals müssen folgende Voraussetzungen technisch sichergestellt werden, die sich unmittelbar aus der Definition der Zugsicherung in der BOStrab ergeben (Abb. 2.2):

- Für den Fahrweg und den Durchrutschweg muss die Gleisfreimeldung vorliegen.
- Ein voraus gefahrener Zug muss durch ein Halt zeigendes Signal gedeckt sein.

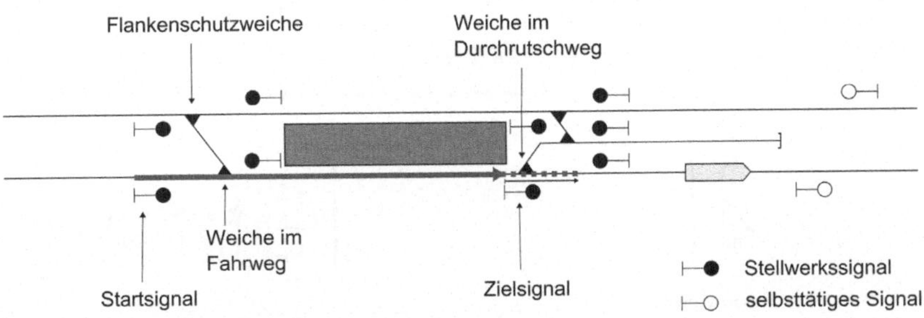

Abb. 2.2 Fahrstraße an einem Stellwerkssignal

- In Gleisen mit Fahrtrichtungsverwaltung (Erlaubniswechsel) muss die richtige Fahrtrichtung eingestellt sein.
- Die vom Zug befahrenen Weichen sowie die Flankenschutzeinrichtungen müssen sich in der richtigen Lage befinden und verschlossen sein.
- Gefährdende (feindliche) Fahrten müssen ausgeschlossen sein.

Zur Gleisfreimeldung werden Gleisstromkreise oder Achszähler verwendet. Bei Gleisstromkreisen werden die einzelnen Freimeldeabschnitte durch Isolierstöße elektrisch voneinander getrennt. An der einen Seite des Freimeldeabschnitts (Speiseseite) wird in beide Schienen ein Strom eingespeist, der an der anderen Seite des Freimeldeabschnitts (Relaisseite) ein Gleisrelais zum Anzug bringt. Befindet sich ein Fahrzeug im Abschnitt, wird der Stromkreis durch die Fahrzeugachsen kurzgeschlossen. Das Gleisrelais wird durch Achsnebenschluss stromlos und fällt ab. Dadurch wird der Abschnitt als besetzt erkannt (Abb. 2.3).

Da die Schienen als Rückleiter für den Traktionsstrom dienen, müssen die Isolierstöße für den Traktionsstrom durch Drosselstoßtransformatoren überbrückt werden (Abb. 2.4). Die gleisseitige Wicklung wird dabei so bemessen, dass sie aufgrund ihres induktiven Widerstandes keine Besetztmeldung erzeugt. Der Traktionsrückstrom fließt im Unterschied zum Gleisfreimeldestrom in beiden Schienen in gleicher Richtung und wird über die Mittelanzapfung von Abschnitt zu Abschnitt weitergeleitet. Da dabei die beiden Wicklungshälften in entgegengesetzter Richtung durchflossen werden, heben sich die Magnetfelder gegenseitig auf, und der induktive Widerstand verschwindet. Gleichzeitig wird durch die gegenseitige Auslöschung der Magnetfelder verhindert, dass in der Wicklung, an der das Gleisrelais angeschlossen ist, ein Strom induziert wird, der das Gleisrelais beeinflussen könnte. Einen Verzicht auf Isolierstöße ermöglichen Tonfre-

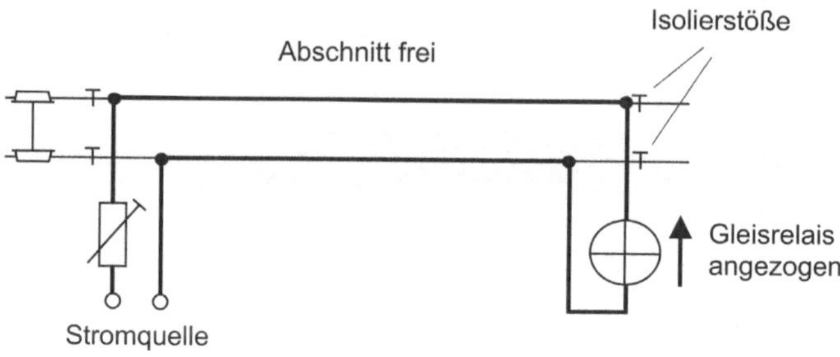

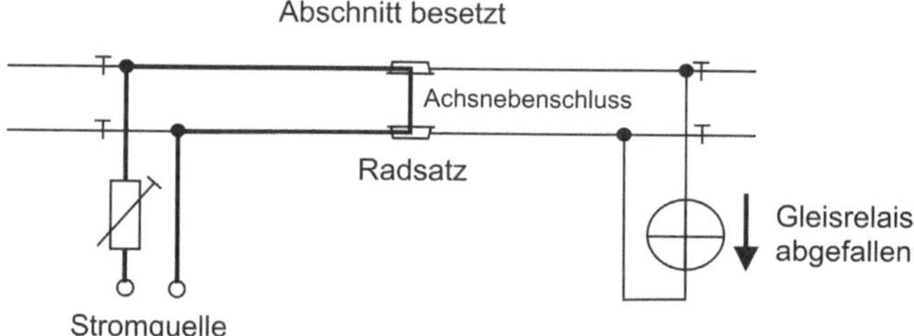

Abb. 2.3 Gleisstromkreis

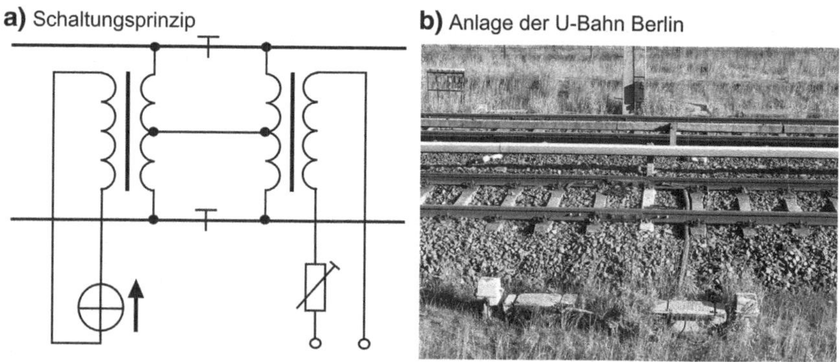

Abb. 2.4 Drosselstoßtransformator

quenzgleisstromkreise, bei denen sich durch Verwendung höherer Frequenzen
(10…20 kHz) die Wirklänge aufgrund der Dämpfung des Gleises von selbst
begrenzt. Die erzielbaren Freimeldelängen sind kürzer als bei Gleisstromkreisen
mit Isolierstößen, für Stadtschnellbahnen jedoch vielfach ausreichend.

Bei Verwendung von Achszählern befinden sich auf beiden Seiten des Abschnitts Achszählkontakte, die die Anzahl der in den Abschnitt ein- und ausfahrenden Achsen zählen. Die Zählergebnisse werden in einer Vergleichseinrichtung zusammengeführt. Wenn die Zahl der eingezählten mit der Zahl der ausgezählten Achsen übereinstimmt, wird der Abschnitt frei gemeldet (Abb. 2.5). Achszählkontakte sind als Doppelradsensoren ausgeführt, um ein richtungsselektives Ein- und Auszählen der Achsen zu gewährleisten.

Wenn Gleisabschnitte mit einer Richtungsverwaltung ausgerüstet sind (Analogie zu dem bei Eisenbahnen üblichen Erlaubniswechsel), wird für mehrere, aneinander anschließende Gleisabschnitte eine Fahrtrichtung eingestellt, die alle gegenläufigen Fahrten ausschließt. Dies ist auf Gleisen mit Zweirichtungsbetrieb erforderlich, wenn mehrere Gleisabschnitte ohne Ausweichmöglichkeit aneinander anschließen, sodass bei Gegenfahrten Deadlocks entstehen würden. Bei nur einem einzelnen Gleisabschnitt mit Zweirichtungsbetrieb ist eine Richtungsverwaltung entbehrlich, da gegenläufige Fahrstraßen unmittelbar ausgeschlossen werden können.

Die richtige Lage der Fahrwegelemente ist gegeben, wenn für diese Elemente im Stellwerk die überwachte Ordnungsstellung vorliegt. Das Verschließen der Elemente beinhaltet sowohl den Fahrstraßenverschluss im Stellwerk, der die unzeitige Bedienung dieser Elemente verhindert, als auch den Weichenverschluss, der die anliegenden Weichenzungen formschlüssig mit der Backenschiene verriegelt. Bei deutschen U-Bahnen wird als Weichenverschluss auch in Neuanlagen meist noch der traditionelle Klammerverschluss eingebaut. Der Fahrstraßenverschluss muss zwangsläufig aufrecht erhalten werden, bis der Zug die Weichen geräumt hat oder am vorgeschriebenen Halteplatz zum Halten gekommen ist (Fahrstraßenfestlegung). Durch den Fahrstraßenverschluss werden nicht nur die Fahrwegelemente

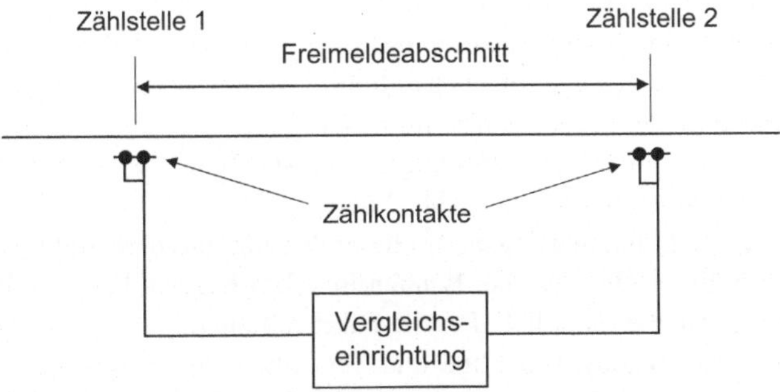

Abb. 2.5 Achszähler

verschlossen, sondern auch alle gefährdenden Fahrten ausgeschlossen. Darunter fallen auch Fahrten, die sich nicht in der Lage von Fahrwegelementen unterscheiden, z. B. Gegeneinfahrten in ein Bahnsteiggleis.

Die Auflösekriterien für die vom Zug befahrenen Weichen werden aus dem Befahren und wieder Freifahren der Freimeldeabschnitte in der der Fahrtrichtung des Zuges entsprechenden Reihenfolge abgeleitet. Voraussetzung für die Auflösung ist, dass das Startsignal der Fahrstraße nach der Vorbeifahrt des Zuges auf Halt gestellt wurde.

Die Auflösung des Durchrutschweges erfolgt zeitverzögert nach dem Besetzen des Gleisabschnitts vor dem Zielsignal. Da das Zielsignal einer Fahrstraße, die an einem Stellwerkssignal beginnt, auch ein selbsttätiges Signal sein kann, gibt es auch Durchrutschwege mit zeitverzögerter Auflösung hinter selbsttätigen Signalen. Ein solcher Durchrutschweg löst auch bei Fahrtstellung des selbsttätigen Signals auf. Da im Durchrutschweg hinter einem selbsttätigen Signal keine Weichen und Kreuzungen liegen, werden durch den Verschluss des Durchrutschweges auch keine Fahrwegelemente verschlossen. Das Verschließen und Auflösen des Durchrutschweges hinter einem selbsttätigen Signal, das als Zielsignal einer an einem Stellwerkssignal beginnenden Fahrstraße benutzt wird, hat vielmehr den Zweck, an diesem Signal eine Zielbeanspruchung zu setzen, durch die alle auf dieses Signal hinführenden Fahrstraßen ausgeschlossen werden, bis der Durchrutschweg auflöst. Das ist insbesondere dort nötig, wo ein selbsttätiges Signal als Zielsignal mehrerer, zusammenführender Fahrstraßen mit unterschiedlichen Startsignalen dient.

Einen vergleichbaren Fall gibt es bei Bahnen im Geltungsbereich der EBO aufgrund der dort üblichen Gestaltung der Schnittstelle zwischen Bahnhof und freier Strecke nicht. Dafür existiert das im EBO-Bereich angewandte Konstrukt der Ausfahrzugstraße mit Überlagerung von Fahrstraßen- und Blocksicherung in der BOStrab-Technik in dieser Form nicht.

Flankenschutzeinrichtungen lösen zusammen mit dem Fahrwegelement auf, dem sie Schutz bieten. Fahrstraßenausschlüsse werden bis zur Freigabe der Elemente aufrechterhalten, über die der Ausschluss besteht.

Der Gleisabschnitt hinter selbsttätigen Signalen wird bei vielen Bahnen als Durchgangsfahrstraße bezeichnet (Abb. 2.6).

Dabei wird nicht unterschieden, ob die Sicherung durch zentrale oder dezentrale Blocktechnik erfolgt. Der bei Bahnen im EBO-Bereich benutzte Begriff des Streckenblocks ist eher unüblich. Für die Fahrtstellung eines selbsttätigen Signals entfällt die Überwachung von Lage und Verschluss der Weichen und Flankenschutzeinrichtungen sowie der Ausschluss feindlicher Fahrten. Die Grundstellung der selbsttätigen Signale ist Fahrt. Nach dem Freifahren des Gleisabschnitts bis

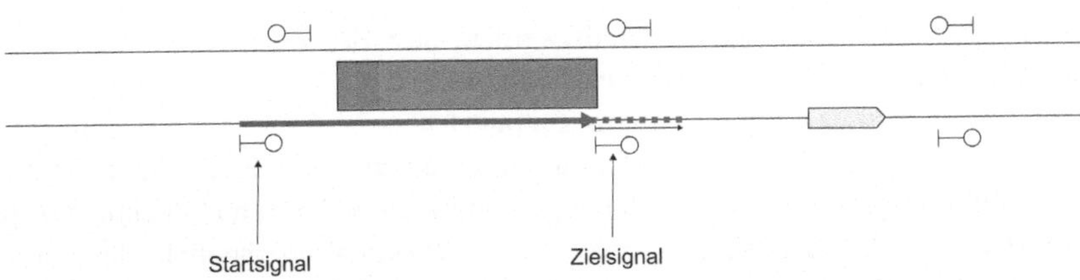

Abb. 2.6 Durchgangsfahrstraße

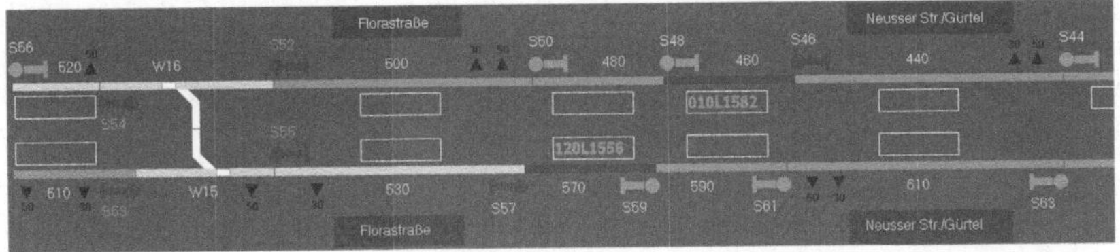

Abb. 2.7 Stellwerkssignale und selbsttätige Signale auf einer Bedienoberfläche der Kölner Verkehrsbetriebe

zum Zielsignal und des folgenden Durchrutschweges sowie der Haltstellung des Zielsignals zur Deckung des vorausfahrenden Zuges geht ein selbsttätiges Signal sofort wieder auf Fahrt. Aufgrund der dichten Zugfolge wird nicht auf ein Anstoßkriterium durch die nächste Zugfahrt gewartet.

Als Beispiel zeigt Abb. 2.7 einen Auszug aus einer Bedienoberfläche der Kölner Verkehrsbetriebe. Die Signale zur Sicherung der Gleisverbindung sind Stellwerkssignale und stehen in Grundstellung auf Halt. Alle anderen Signale sind selbsttätige Signale mit Durchgangsfahrstraßen. Sie stehen nur auf Halt, wenn der folgende Gleisabschnitt durch einen Zug besetzt ist.

2.3 Spezielle Signalanordnungen

Nachrücksignalisierung

Grenzen der Mindestzugfolgezeit. In einem signalgeführten Bahnsystem ergeben sich die Mindestzugfolgezeiten aus den sogenannten Sperrzeiten der Gleisabschnitte. Die Sperrzeit beschreibt das Zeitfenster, das auf einem Gleisabschnitt für die behinderungsfreie Durchführung einer Zugfahrt freizuhalten ist. Für einen planmäßig ohne Halt durchfahrenden Zug muss die Zustimmung zur Einfahrt in diesen Abschnitt so rechtzeitig erteilt werden, dass der Zug keinen Bremsvorgang einleitet. Bei Führung des Zuges durch ortsfeste Signale ist diese Bedingung erfüllt, wenn sich der Zug zu diesem Zeitpunkt noch so weit vor dem Vorsignal (bzw. einem vorsignalisierenden Mehrabschnittssignal) befindet, dass dem Triebfahrzeugführer genug Zeit bleibt, den Signalbildwechsel sicher aufzunehmen. Auf Strecken mit Führerraumsignalisierung ist das Vorsignal unerheblich, dort muss sich der Zug zu diesem Zeitpunkt vor dem über die Führerraumanzeige signalisierten Bremseinsatzpunkt befinden. Die Sperrzeit eines Gleisabschnitts endet, wenn der für die Zugfahrt bestehende Sicherungsstatus nach dem Räumen des Abschnitts und eines ggf. folgenden Durchrutschweges wieder aufgehoben wird, sodass einem anderen Zug die Zustimmung zur Einfahrt in diesen Abschnitt erteilt werden kann. Die Sperrzeit setzt sich dabei aus den in Abb. 2.8 dargestellten Teilzeiten zusammen (Pachl 2016a).

Bei einem planmäßig haltenden Zug entfällt im folgenden Abschnitt die Annäherungsfahrzeit, im darauf folgenden Abschnitt ist sie jedoch wieder zu berücksichtigen (Abb. 2.9).

Der Zeitverbrauch für den Halt fließt in die Sperrzeit des Abschnitts ein, in dem der Zug hält. Da in diesem Abschnitt auch die Annäherungsfahrzeit anfällt, ist die Sperrzeit der Halteabschnitte besonders lang. Durch die trassenparallele Fahrweise

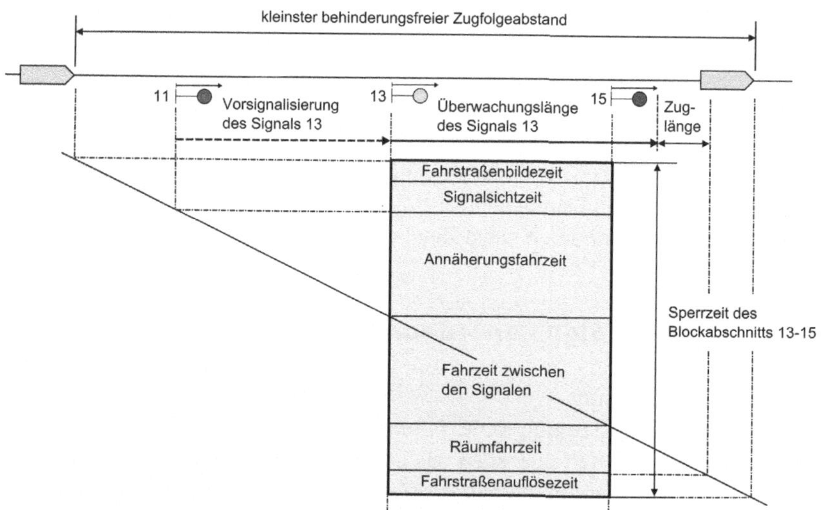

Abb. 2.8 Sperrzeit eines Gleisabschnitts für durchfahrenden Zug

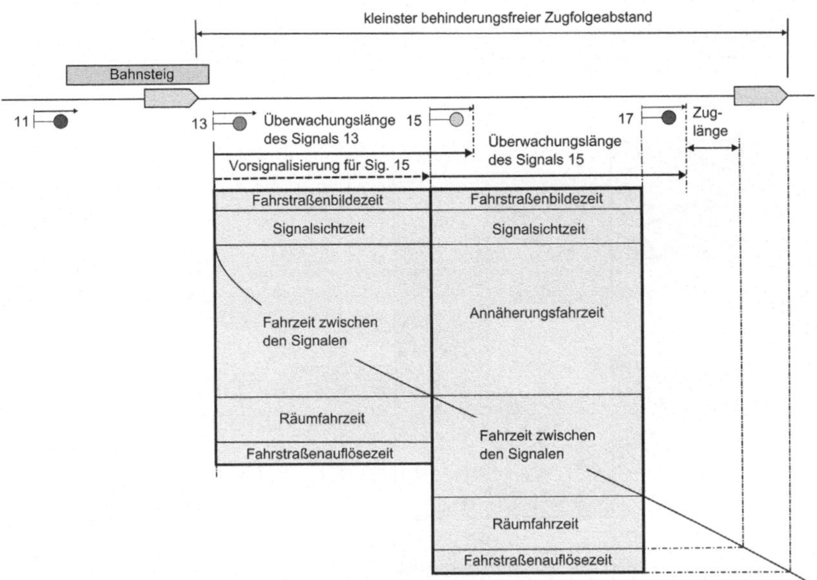

Abb. 2.9 Sperrzeit der Gleisabschnitte hinter einem Verkehrshalt

auf Stadtschnellbahnen sind damit die Sperrzeiten der Bahnsteigabschnitte das maßgebende Kriterium für die Mindestzugfolgezeit. Der Zeitverbrauch für die Verkehrshalte begrenzt damit unmittelbar die Leistungsfähigkeit einer Strecke. Abb. 2.10
verdeutlicht diesen Umstand in einer Sperrzeitendarstellung. Die Mindestzugfolgezeit am Bahnsteig setzt sich aus der Verkehrshaltezeit und der Zugwechselzeit am
Bahnsteig (Zeit von der Abfahrt eines Zuges bis zur Ankunft des folgenden Zuges;
auch als Bahnsteigwechselzeit bezeichnet) zusammen.

Verkürzung der Mindestzugfolgezeit durch Nachrücksignale. Um die Zugwechselzeit am Bahnsteig zu verkürzen, wurde das Prinzip der Nachrücksignalisierung entwickelt. Dabei kommen sowohl ortsfeste Nachrücksignale als auch
das Nachrücken auf Sicht ohne zusätzliche Nachrücksignale zur Anwendung. Bei
Nachrücksignalisierung mit Nachrücksignalen wird hinter dem Einfahrsignal ein
weiteres Signal, das sogenannte Nachrücksignal, etwa in Höhe des Bahnsteiganfangs angeordnet. Zwischen dem Einfahrsignal und dem Nachrücksignal besteht
nur ein sehr kurzer (oft unterzuglanger) Gleisabschnitt. Der Durchrutschweg hinter dem Nachrücksignal reicht in der Regel bis in den Bereich des Bahnsteiges

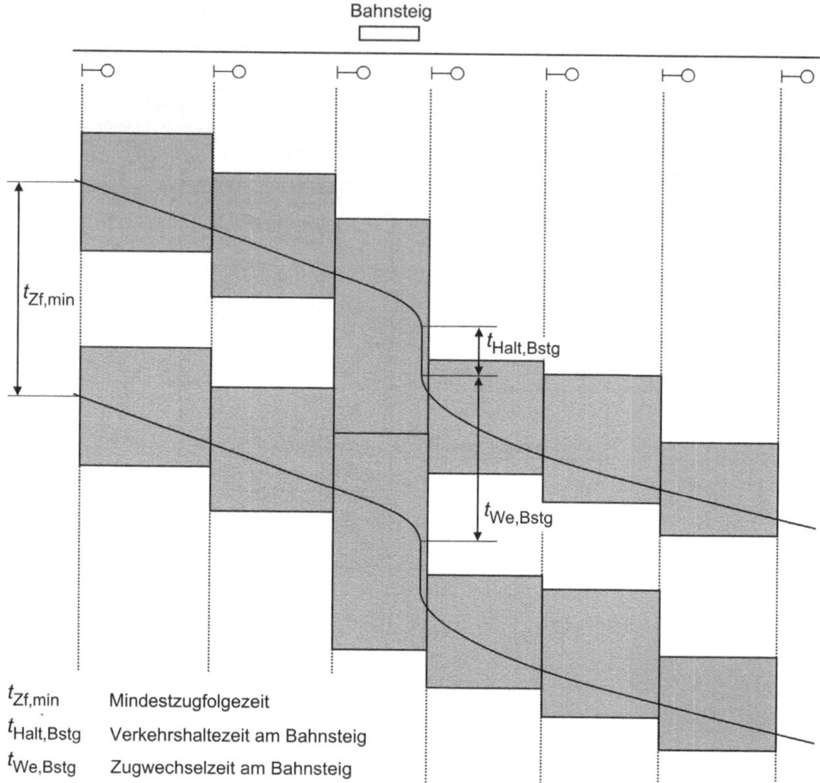

Abb. 2.10 Maßgebender Einfluss der Verkehrshalte auf die Zugfolge von Stadtschnell-bahnen

hinein. Bei einem am Bahnsteig haltenden Zug zeigen somit sowohl das Nach-rücksignal als auch das Einfahrsignal einen Haltbegriff. Der leistungssteigernde Effekt des Nachrücksignals kommt bei der Ausfahrt des Zuges zum Tragen. Zu dem Zeitpunkt, zu dem der ausfahrende Zug den Durchrutschweg des Nachrück-signals freigefahren hat, ist die Überwachungslänge des Einfahrsignals frei, das daraufhin bereits wieder auf Fahrt gestellt wird (Abb. 2.11a).

Da ein ausfahrender Zug normalerweise nicht stehen bleibt, wird das Nach-rücksignal so zeitig freigegeben, dass ein folgender einfahrender Zug am Nachrücksignal rechtzeitig einen Fahrtbegriff erhält. Ein Halt vor dem Nachrück-signal tritt nur ein, falls ein vorausgefahrener Zug während der Ausfahrt plötzlich

bremst (z. B. beim Ziehen der Notbremse). Mitunter werden auch mehrere Nachrücksignale (jedoch nur selten mehr als zwei) angeordnet. Durch die quasikonti-
nuierliche Freigabe des Einfahrweges in mehreren kurzen Abschnitten nähert sich
die Abstandsregelung in diesem Bereich dem Fahren im absoluten Bremswegabstand an.

Beim Nachrücken auf Sicht ohne Nachrücksignale hat das Einfahrsignal zwei
unterschiedliche Überwachungslängen, eine reicht etwa bis zur Bahnsteigmitte,
die andere bis zum Ende des Durchrutschweges hinter dem Ausfahrsignal. Wenn
ein ausfahrender Zug die verkürzte Überwachungslänge räumt, geht das Einfahrsignal mit einem Signalbegriff auf Fahrt, der das Nachrücken auf Sicht erlaubt.
Beim Räumen der vollen Überwachungslänge wird das Einfahrsignal für eine
reguläre Einfahrt ohne Auftrag zum Fahren auf Sicht freigegeben (Abb. 2.11b).

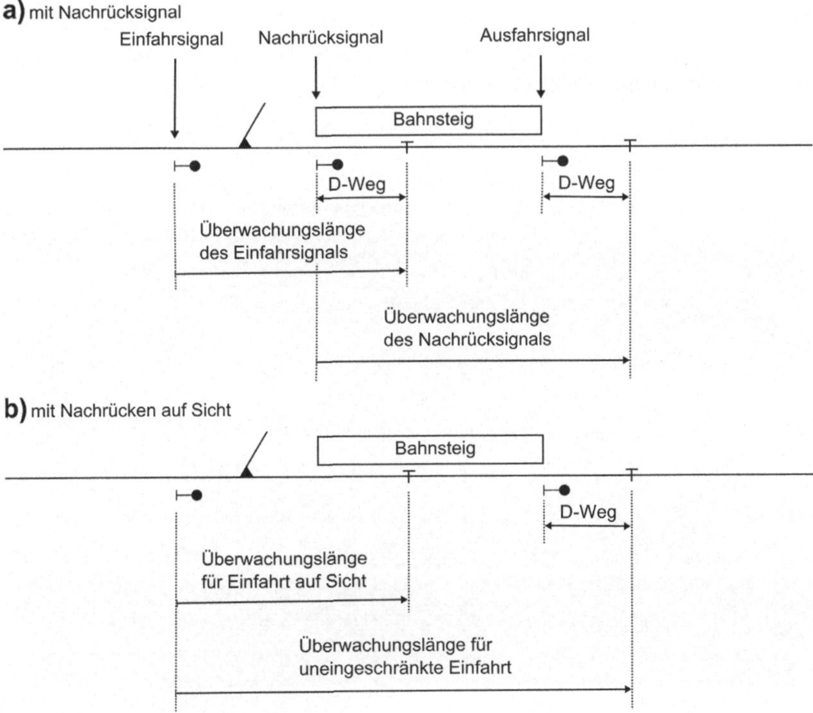

Abb. 2.11   Nachrücksignalisierung

▶ Die Bezeichnungen Einfahrsignal, Nachrücksignal und Ausfahrsignal werden hier im Sinne der Rolle bei der Regelung der Zugfolge im Bahnsteigbereich verwendet. Je nach Ausstattung der Betriebsstelle kann es sich dabei sowohl um Stellwerkssignale als auch um selbsttätige Signale handeln.

Als Beispiel zeigt Abb. 2.12 einen Auszug aus einer Bedienoberfläche der Kölner Verkehrsbetriebe. Im Haltestellenbereich Appellhofplatz/Breite Straße hat ein nach links ausfahrender Zug das Signal am Ende des Bahnsteigs passiert und im Bahnsteiggleis die Überwachungslänge des rückliegenden Signals für ein Nachrücken auf Sicht geräumt. Dieses Signal zeigt aktuell gemäß dem Signalbuch der Kölner Verkehrsbetriebe den Signalbegriff „Halt erwarten" zusammen mit einem Geschwindigkeitsanzeiger für 20 km/h (Signalbild auf der Bedienoberfläche nicht dargestellt). Für den Triebfahrzeugführer bedeutet dies, dass der Zug in ein teilweise besetztes Bahnsteiggleis eingelassen wird. Nach dem Freifahren der vollständigen Überwachungslänge wechselt der Signalbegriff zu „Halt erwarten" ohne Geschwindigkeitsanzeiger. Damit wird dem Triebfahrzeugführer ein freies Gleis bis zum nächsten Signal garantiert.

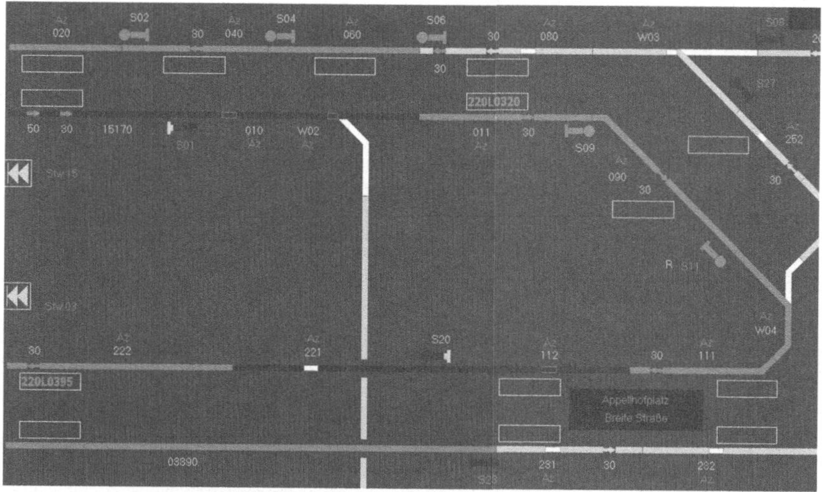

Abb. 2.12 Beispiel für das Nachrücken auf Sicht auf einer Bedienoberfläche der Kölner Verkehrsbetriebe

▶ Der weiße Melder innerhalb des besetzten Abschnitts hinter Signal S20 ist der Verschlussmelder des Durchrutschweges. Wie im Abschn. 2.2 erläutert, kann im Bereich der BOStrab ein selbsttätiges Signal (in diesem Fall S20) Ziel einer Fahrstraße sein, die an einem Stellwerkssignal beginnt (in diesem Fall S11). Dabei kann hinter dem als Zielsignal beanspruchten selbsttätigen Signal ein zeitverzögert auflösender Durchrutschweg eingerichtet sein. In der aktuellen Situation ist Signal S20 nicht als Zielsignal beansprucht, wodurch hinter diesem Signal auch kein Durchrutschweg verschlossen ist.

Signalisierung von Kehrfahrten

Kehrfahrten sind Fahrten zum Gleiswechsel wendender Züge auf Unterwegsstationen ohne Abräumen in eine Wendeanlage. Darunter fallen sowohl Umsetzfahrten zum Wechsel eines Bahnsteiggleises (Abb. 2.13a) als auch Einfahrten in das Bahnsteiggleis der Gegenrichtung für eine Zugwende am Bahnsteig (Abb. 2.13b). In beiden Fällen wird ein Hauptgleis durch die Kehrfahrt gegen die gewöhnliche Fahrtrichtung befahren, sodass kein Hauptsignal als Zielsignal der Kehrfahrt vorhanden ist. Als kostengünstige Alternative zur Aufstellung eines ständig Halt zeigenden Hauptsignals begrenzen viele Betreiber die Kehrfahrten durch eine Signaltafel, die für Kehrfahrten einen absoluten Haltauftrag darstellt. Das Design ähnelt oft der im EBO-Bereich verwendeten Rangierhalttafel, teilweise ist die Aufschrift „Halt für Kehrfahrten!" vorhanden.

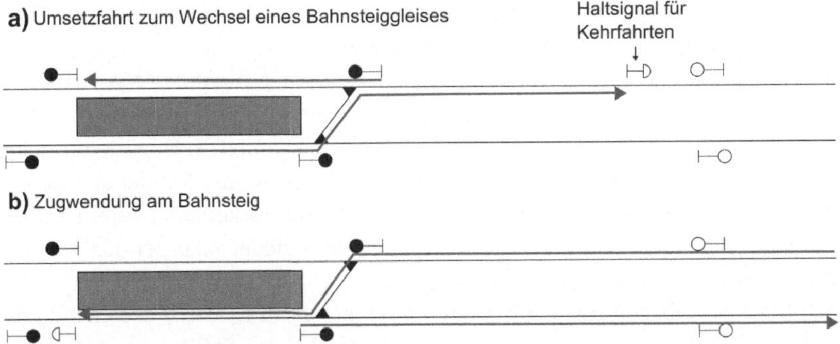

Abb. 2.13 Signalisierung von Kehrfahrten

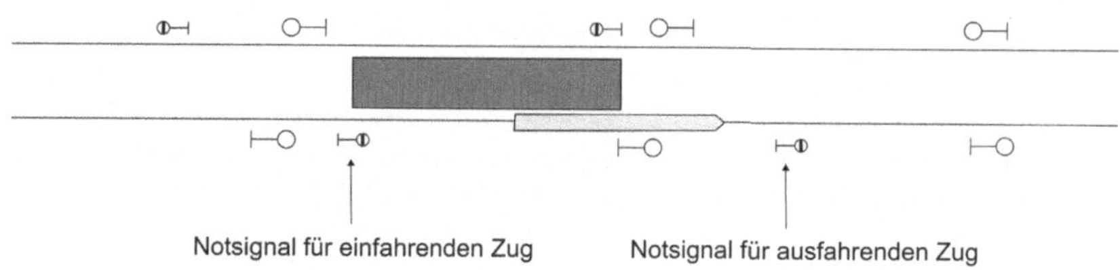

Abb. 2.14 Anordnung von Notsignalen am Bahnsteig

Notsignale

Bei Bahnen mit starkem Fahrgastandrang auf den Bahnsteigen werden zur Erhöhung der Sicherheit für die Fahrgäste häufig Notsignale angeordnet, durch die Züge im Bahnsteigbereich in Gefahrensituationen zum Halten gebracht werden können. Die Notsignale können durch die Fahrgäste durch auf dem Bahnsteig angeordnete Notsignalschalter eingeschaltet werden. Das Aufleuchten des Notsignals ist für den Triebfahrzeugführer ein Auftrag zum sofortigen Halten. Das Signalbild unterscheidet sich daher bei den meisten Bahnen von dem normalen Haltbegriff, bei dem der Zug erst am Signal halten muss. Notsignale werden für einfahrende Züge unmittelbar vor dem Bahnsteig und für ausfahrende Züge in einem gewissen Abstand hinter dem Bahnsteig (abhängig von Zuglänge und Bremsweg) angeordnet (Abb. 2.14).

2.4   Leittechnik und Bedienoberflächen

Charakteristisch für viele Nahverkehrssysteme ist eine von den Stellwerken getrennte Leitebene, über die in den Betriebszentralen das gesamte Netz gesteuert wird. Dabei werden über eine integrierte, ESTW-ähnliche Bedienoberfläche Stellwerke unterschiedlicher Bauformen bedient. Je nach Stellwerkstyp kann daher auf der gleichen Bedienoberfläche die Darstellung bestimmter Melder abweichen. Hinsichtlich der Gestaltung der Bedienoberfläche gibt es keinerlei betreiberübergreifende Standards. Selbst innerhalb Deutschlands findet man bei den verwendeten Symbolen und Farben unterschiedlichste Varianten. Im Unterschied zu den nach EBO betriebenen Bahnen werden bei Bahnen nach BOStrab auch häufig die Zugbeeinflussungsanlagen auf der Bedienoberfläche des Stellwerks visualisiert. Auch werden auf den Bedienoberflächen oft Anlagenzustände weiterer Systeme, z. B. Energieversorgungsanlagen, Kommunikationssysteme, Fahrtreppen, Aufzüge, Gleistore usw. angezeigt. Auch hier können sich einzelne Betreiber in ihren Anforderungen erheblich unterscheiden.

2.5   Zugbeeinflussung

Auf Strecken mit Führung der Züge durch ortsfeste Signale besteht oft nur eine sehr einfache punktförmige Zugbeeinflussung. Hinsichtlich der Absicherung Halt zeigender Signale beschränkt sich die Funktionalität auf die Zwangsbremsung bei Signalüberfahrungen. Auf eine Wachsamkeitsprüfung am Vorsignal und eine Bremswegüberwachung wird meist verzichtet. Aufgrund der vielfach nicht oder nur sehr eingeschränkt vorhandenen Vorsignalisierung wäre diese Funktion auch bei vielen Bahnen gar nicht realisierbar. Wegen der Beschränkung auf die Fahrsperrenfunktion bezeichnen viele Bahnen ihre punktförmige Zugbeeinflussung auch nur als „Fahrsperre".

Als technische Realisierung dominiert bei deutschen U-Bahnen die magnetische Zugbeeinflussung. Bei der magnetischen Zugbeeinflussung befinden sich an der Strecke Permanentmagnete, deren Magnetfeld durch eine signalgesteuert zuschaltbare Löschwicklung neutralisiert werden kann (Abb. 2.15). Bei Halt zeigendem Signal ist diese Wicklung abgeschaltet. Auf dem Fahrzeug befindet sich ein Magnetanker, in dem ein auf magnetischen Fluss reagierender Impulsgeber installiert ist. Bei Vorbeifahrt an einem aktiven Gleismagneten kommt es im Fahrzeugmagneten zu einem magnetischen Fluss, der den Impulsgeber zum Ansprechen bringt.

Abb. 2.15 Gleismagnet der U-Bahn Berlin

Neben der Fahrsperrenfunktion am Hauptsignal werden bei U-Bahnen in großem Stil punktförmig wirkende Geschwindigkeitsüberwachungen (GÜ) auf Basis der magnetischen Fahrsperre verwendet. Dabei wird mittels einer aus zwei in kurzem Abstand aufeinander folgenden Schienenkontakten oder Transpondern bestehenden Messstrecke die Geschwindigkeit ermittelt und bei Überschreitung des zulässigen Limits durch einen folgenden Gleismagneten eine Zwangsbremsung ausgelöst. Diese Geschwindigkeitsüberwachungen können sowohl ständig wirksam (z. B. auf Gefällestrecken) als auch fahrstraßenabhängig (z. B. zur Überwachung der in Weichen zulässigen Zweiggleisgeschwindigkeit) geschaltet werden. Teilweise ist in Abhängigkeit von der eingestellten Fahrstraße auch eine Umschaltung zwischen verschiedenen Prüfgeschwindigkeiten möglich. Während also einerseits auf Wachsamkeitsprüfung und Bremswegüberwachung weitgehend verzichtet wird, spielt die punktförmige Geschwindigkeitsüberwachung eine viel größere Rolle als bei den nach EBO betriebenen Bahnen.

Auf Stadtschnellbahnen kommen auch linienförmige Zugbeeinflussungssysteme zum Einsatz. Der Zweck liegt jedoch nicht in einer Erhöhung der Geschwindigkeit, sondern in einer Steigerung der Leistungsfähigkeit oder der Ermöglichung eines fahrerlosen Betriebes. Die Leistungsfähigkeit lässt sich auf Stadtschnellbahnen durch eine linienförmige Zugbeeinflussung steigern, indem in den Einfahrbereichen der Stationen kurze, nur über die Führerraumanzeige signalisierte Blockabschnitte zur Nachrücksignalisierung vorgesehen werden. Obwohl nicht nach BOStrab, sondern nach EBO betrieben, ist die S-Bahn München dafür ein gutes Beispiel, die dafür die bei der Deutschen Bahn übliche LZB mit Kabellinienleiter benutzt. Die Blockkennzeichen fungieren dabei als „virtuelle Nachrücksignale" (Abb. 2.16). Die gleiche Lösung lässt sich auch im ETCS-Level 2 umsetzen, das als Nachfolgesystem die LZB ablösen soll.

Für funkbasierte linienförmige Zugbeeinflussungssysteme ist auf Stadtschnellbahnen die Bezeichnung Communication-Based Train Control (CBTC) üblich.

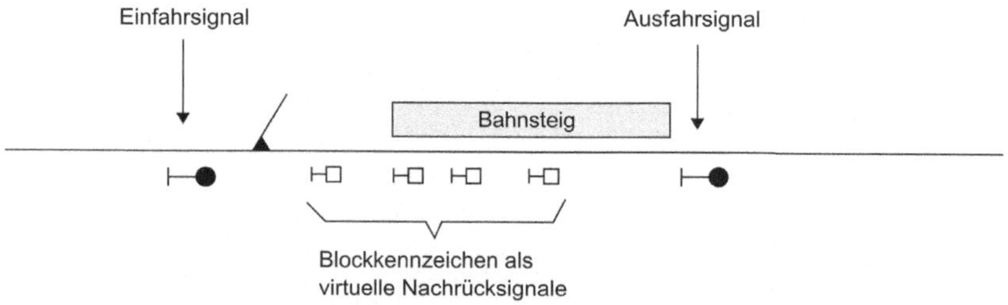

Abb. 2.16 Blockkennzeichen als virtuelle Nachrücksignale

Dabei wird eine ähnliche technische Lösung wie in den höheren Ausrüstungsstufen des ETCS benutzt. Zur Datenübertragung dient ein digitales Funksystem. Als Ortungsreferenzpunkte werden im Gleis Transponder verlegt. Die Bezeichnung CBTC wird allerdings in der Fachwelt nicht ganz einheitlich verwendet. Im engeren Sinne werden oft nur Systeme mit einem Verzicht auf ortsfeste Gleisfreimeldeanlagen zu CBTC gezählt, in einem etwas erweiterten Sinne alle Zugbeeinflussungssysteme mit kontinuierlicher, zweiseitiger Datenkommunikation.

2.6 Automatisierungstechnik

Zuglaufverfolgung und Zuglenkung

Zuglaufverfolgung und Zuglenkung gehören heute zur Standardausrüstung aller modernen Stadtschnellbahnen. Im Unterschied zu Eisenbahnen basiert die Zuglaufverfolgung häufig auf einem von der Sicherungstechnik unabhängigen Ortungs- und Identifizierungssystem. Die am meisten verbreitete Lösung besteht darin, an den Fahrzeugen Transponder mit einer Zugkennung anzubringen, die von gleisseitigen Leseeinrichtungen gelesen werden können (Abb. 2.17).

Damit ist die ordnungsgemäße Weiterschaltung der Zugnummern auch bei Störungen der Sicherungsanlagen, z. B. Gleisfreimeldestörungen, sichergestellt. Für das auf Strecken mit selbsttätigen Signalen übliche permissive Fahren bietet diese Lösung zudem den Vorteil, dass mehrere Züge in einem Blockabschnitt verwaltet werden können. Zusammen mit den Zugnummern werden häufig weitere zugbegleitende Informationen mitgeführt, z. B. Liniennummern und Informationen zur Ansteuerung von Fahrgastinformationsanlagen.

Abb. 2.17 Lesegeräte für Transponder (links: Siemens, rechts: Tagmaster)

Signalselbststellbetrieb und Zuglenkung fanden bei Stadtschnellbahnen sehr früh Einzug, die weltweit erste Zuglenkanlage wurde in den 1950er Jahren bei London Underground eingeführt. Das starre Betriebsregime vieler Stadtschnellbahnen kam der Automatisierung sehr entgegen, da sich der Betrieb vielfach bereits mit einem einfachen Programmselbststellbetrieb wirkungsvoll automatisieren ließ. Solche Anlagen mit einem fest vorgegebenen Fahrstraßenprogramm sind auch heute noch im Einsatz, allerdings in rechnergestützter Form, sodass das Fahrstraßenprogramm bei Abweichungen von der geplanten Zugreihenfolge flexibel angepasst werden kann. Die übliche Lösung basiert im Nahverkehr jedoch auf einer linienbasierten Zuglenkung. Dies bietet sich an, da die Linien auf festen Laufwegen durchs Netz verkehren. An Konfliktpunkten wird bei Abweichungen häufig nach der Methode „First In – First Out" gefahren, teilweise sind aber auch Vorrangregeln implementiert. Die bei Eisenbahnen übliche fahrplanbasierte Zuglenkung, die bei Konflikten die im Fahrplan vorgesehene Zugreihenfolge einhält, ist nicht üblich. Obwohl somit bei Verspätungen ständig Abweichungen von der geplanten Zugreihenfolge auftreten, ist die Deadlockgefahr in den meisten Fällen vernachlässigbar, da fast überall reiner Einrichtungsbetrieb herrscht. Verbreitet wird die Zuglenkung jedoch mit einer automatischen Anschlusssicherung kombiniert, bei der an Umsteigestationen der Einstellanstoß der Fahrstraße so lange unterdrückt wird, bis abzuwartende Anschlusszüge eingetroffen sind. Dies kann mit einer Zeitsteuerung kombiniert sein, die im Verspätungsfall unzumutbar lange Wartezeiten verhindert.

Automatischer Fahrbetrieb
Durch die Möglichkeit, kontinuierlich Führungsgrößen bereitzustellen, schaffen linienförmige Zugbeeinflussungssysteme die technische Voraussetzung für den automatischen Betrieb von Nahverkehrssystemen. Dabei werden meist vier Stufen der Automatisierung unterschieden:
Stufe 1: Automatische Fahr- und Bremssteuerung
Stufe 2: Halbautomatischer Betrieb
Stufe 3: Automatischer Betrieb mit Zugbegleiter (fahrerloser Betrieb)
Stufe 4: Automatischer Betrieb ohne Zugpersonal (personalloser Betrieb)
In der Stufe 1 wird der Fahrer durch eine automatische Fahr- und Bremssteuerung unterstützt, die verhindert, dass die durch die Zugbeeinflussung vorgegebenen Geschwindigkeitslimits überschritten werden. Da noch keine Führungsgrößen aus dem Fahrplan abgeleitet werden, muss der Fahrer den Bremsvorgang bei Verkehrshalten manuell steuern.

In der Stufe 2 werden Führungsgrößen aus dem Fahrplan abgeleitet, sodass der Zug an den planmäßigen Verkehrshalten automatisch anhält. Der Zug ist noch mit einem Fahrer besetzt, der bei der Einfahrt in die Stationen das Freiseins des Gefahrenraums überwacht, die Türsteuerung übernimmt und nach dem Fahrgastwechsel die Abfahrbereitschaft des Zuges feststellt. Bei Ausfall der Automatik kann der Fahrer den Zug mit manueller Steuerung weiterfahren.

In Stufe 3 ist der Führerraum nicht mehr durch einen Fahrer besetzt. Es ist aber noch ein Zugbegleiter anwesend, der den Fahrgastwechsel überwacht. Bei Ausfall der Automatik kann der Zugbegleiter mit einer vereinfachten Bedieneinrichtung die Steuerung des Zuges übernehmen. Dies erfolgt mit herabgesetzter Geschwindigkeit unter besonderer Vorsicht und dient meist nur dazu, die Strecke von einem liegen gebliebenen Zug räumen zu können.

In Stufe 4 ist kein Personal im Zug anwesend. Im Störungsfall wird die Steuerung des Zuges von der Leitstelle übernommen.

Die Gefahrenraumfreimeldung ist derzeit das größte Hemmnis für die Einführung des fahrer- bzw. personallosen Betriebes. Bei U-Bahnen, bei denen der Bahnkörper nicht zugänglich ist, ist es noch am einfachsten, da die Gefahrenraumfreimeldung auf die Bahnsteigbereiche beschränkt werden kann. Es bleibt trotzdem technisch aufwendig. Die einfachste Lösung ist die Anwendung von Bahnsteigtüren, es gibt aber auch Systeme, die ein Eindringen in den Gefahrenraum detektieren. Neu gebaute U-Bahnsysteme im Ausland werden heute meist von Anfang an für automatischen Betrieb ausgerüstet. Bei einer neu gebauten Strecke ist es meist wesentlich einfacher, die Infrastruktur auf die Anforderungen des automatischen Betriebes auszurichten als bei der nachträglichen Automatisierung eines Altsystems. Das ist einer der Gründe, weshalb in den schon in der ersten Hälfte des 20. Jahrhunderts entstandenen U-Bahnnetzen der mitteleuropäischen Großstädte das automatische Fahren bislang weniger verbreitet ist als beispielsweise in asiatischen Metropolen, wo die U-Bahnsysteme viel später entstanden und vielfach erst in jüngster Zeit extensiv erweitert wurden.

Fahrwegsicherung bei Straßenbahnen ohne Zugsicherung   3

Die Besonderheit des Straßenbahnbetriebs besteht darin, dass die Prinzipien des Straßenverkehrs (Fahren im Sichtabstand, Beachten von Vorfahrtsregeln an Verkehrsknoten, keine fahrwegseitige Betriebssteuerung) durch die Spurführung überlagert wird. Damit besteht an den Verkehrsknoten neben der Vorfahrtsregelung auch die Notwendigkeit, Fahrwege einzustellen und zu sichern. Dabei übernehmen die Fahrzeugführer Aufgaben, die auf Strecken mit Zugsicherung durch fahrwegseitige Instanzen wahrgenommen werden.

3.1   Fahrsignale

Fahrsignale dienen der Vorfahrtsregelung an Verkehrsknoten, kommen aber auch an anderen Stellen zum Einsatz, wo Züge einen Auftrag zur Weiterfahrt abwarten müssen. Beispiele sind die Sicherung von Streckenabschnitten mit Begegnungsverbot, Streckenverzweigungen außerhalb der Knoten des Straßenverkehrs, Kreuzungen mit anderen Bahnen und die Steuerung des Rangierbetriebes in Betriebshöfen. Bei Anwendung zur Vorfahrtsregelung an Verkehrsknoten erfüllen die Fahrsignale eine ähnliche Funktion wie die Lichtsignale des allgemeinen Straßenverkehrs, sie sind auch in die Steuerung der Lichtsignalanlage des allgemeinen Straßenverkehrs integriert. Die Fahrsignale zeigen an, welcher Fahrweg vorfahrtsrechtlich freigegeben ist, werden jedoch nicht für einen individuellen Zug auf Fahrt gestellt. Durch die Ausführung als Positionslichtsignale wird vermieden, dass Straßenverkehrsteilnehmer des Individualverkehrs diese mit den farbigen Signallichtern der Lichtsignalanlagen des Straßenverkehrs verwechseln. Abb. 3.1 zeigt die Signalbilder der Fahrsignale der BOStrab.

© Springer Fachmedien Wiesbaden GmbH 2017   27
J. Pachl, *Sicherungstechnik für Bahnen im Stadtverkehr,* essentials,
DOI 10.1007/978-3-658-16414-0_3

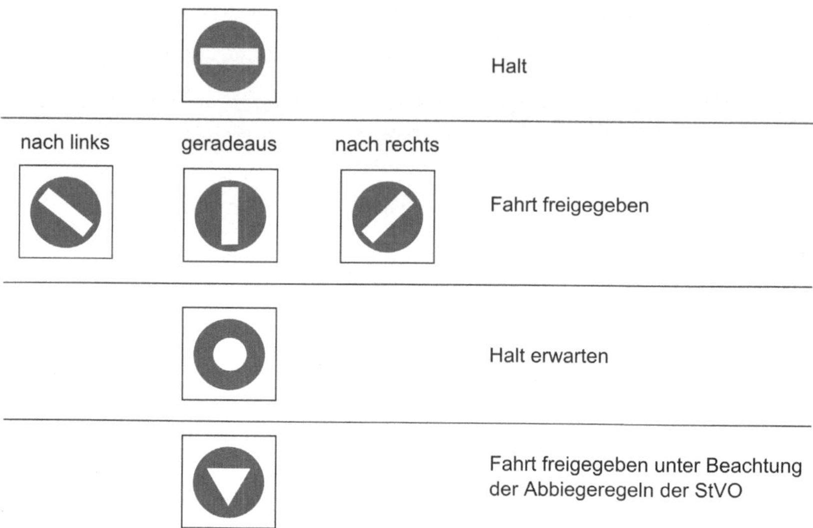

Abb. 3.1 Signalbilder der Fahrsignale nach BOStrab

Wenn der Fahrweg durch einen senkrechten oder schrägen weißen Balken freigegeben wird, hat der Zug immer Vorfahrt vor anderen Verkehrsteilnehmern. Bei
Anzeige des weißen Dreiecks (Symbol ist einem Vorfahrtsschild nachempfunden)
ist die Weiterfahrt zulässig, es ist aber die Vorfahrt anderer Verkehrsteilnehmer zu
beachten. Der Signalbegriff „Halt erwarten" ist nicht mit der Vorsignalisierung
im Eisenbahnbetrieb vergleichbar. In Fahrsignalanlagen zur Vorfahrtsregelung an
einem Verkehrsknoten bedeutet dieses Signalbild, dass das Signal, an dem dieses Signalbild gezeigt wird, in Kürze auf Halt umschaltet. Dieses Signalbild ist
daher in etwa mit dem gelben Signallicht des allgemeinen Straßenverkehrs vergleichbar und soll verhindern, dass Züge mit hoher Geschwindigkeit auf den
Knoten zufahren, obwohl sie das Fahrsignal nicht mehr in Freistellung passieren
können. Dieses Signalbild wird nur dort vorgesehen, wo aufgrund der örtlichen
Konfiguration damit gerechnet werden muss, dass Züge vor dem auf Halt umge-
schalteten Fahrsignal nicht mehr halten können. Es erscheint normalerweise am
gleichen Signalgeber, an dem hinterher der Haltbegriff erscheint, an kritischen
Stellen ist aber auch eine vorgezogene Anordnung an einem separaten Signalgeber möglich. Bei Fahrsignalanlagen, die nicht nach festen Programmen schalten,
sondern im Anforderungsbetrieb durch den sich nähernden Zug arbeiten, wird
dieses Signalbild auch in einer anderen Bedeutung verwendet. Hier zeigt es dem

Fahrer an, dass die angeforderte Fahrt im Moment noch nicht freigegeben werden kann, sodass der Zug vor dem Fahrsignal zum Halten kommen wird, um auf die Freigabe zu warten. Eine typische Anwendung sind Fahrsignale zur Deckung eingleisiger Abschnitte, wo das Signalbild „Halt erwarten" dem Fahrer anzeigt, dass der eingleisige Abschnitt noch durch eine Fahrt belegt ist, deren Freigabe des Abschnitts vor dem deckenden Fahrsignal abzuwarten ist.

Bei deutschen Straßenbahnen ist es heute üblich, bei Fahrwegverzweigungen für jeden Fahrweg einen kompletten Signalgeber mit Haltbegriff und dem jeweiligen Fahrtbegriff zu installieren. Im Ausland (früher auch bei deutschen Betreibern) wird stattdessen häufig nur ein Signalgeber installiert, der einen Haltbegriff und die dort möglichen Fahrtbegriffe anzeigen kann. Dies vermeidet insbesondere bei komplexeren Knoten eine unübersichtliche Häufung von Signalgebern.

Zur Vorfahrtsregelung an Verkehrsknoten werden die Fahrsignale durch das Schaltprogramm der Straßensignalanlage gesteuert. Eine externe Steuerung durch eine betriebsleitende Instanz besteht nicht. In Bereichen ohne Teilnahme am Straßenverkehr, z. B. in Betriebshöfen und Bereichen mit unabhängigem Bahnkörper, kann aber auch eine Stellwerkssteuerung vorhanden sein. Eine Stellwerkssteuerung wird auch häufig in den Übergangsbereichen zu Strecken mit Zugsicherung vorgesehen.

3.2   Steuerung und Sicherung der Weichen

Auf Strecken ohne Stellwerkssteuerung werden die Weichen dezentral durch die Züge gestellt. Bei Annäherung an einen Knoten mit sich verzweigenden Fahrwegen wird vom Fahrzeug ein Stellkommando an die Weiche geschickt. Dies erfolgt heute meist automatisiert in Abhängigkeit von der auf dem Fahrzeug gespeicherten Liniennummer. Bei einfacheren Anlagen muss der Fahrer die Weichenstellung durch eine Bedienungshandlung auf dem Führerstand veranlassen. Die Übertragung des Stellkommandos geschieht meist auf induktivem Wege (durch Induktionsschleifen oder Transponder), bei einigen Systemen auch per Infrarotverbindung. Die früher verbreiteten Oberleitungskontakte (Stellschlitten), bei denen die Stellkommandos über die Oberleitung übertragen und die Weichen mit Fahrstrom umgestellt wurden, sind heute in Deutschland nicht mehr zulässig. Es gibt aber auch neue Bauformen von Oberleitungskontakten, die nur die Passage des Bügels erfassen und vollständig vom Fahrstrom getrennt sind. Diese dürfen auch neu eingebaut werden und werden bevorzugt an Stellen verwendet, wo gleisseitige Schaltmittel schwierig zu installieren sind.

Die Weichenzungen sind im einfachsten Fall ohne Verschlusseinrichtungen ausgeführt und werden nur durch die Festhaltekraft des Antriebs in der Endlage gehalten. Solche Weichen dürfen nur mit max. 15 km/h gegen die Spitze befahren werden. Der Fahrer muss vor dem Befahren die Endlage der Weiche visuell prüfen. Zur Unterstützung kann ein Weichensignal vorhanden sein, das die Lage der Weiche anzeigt. Ist ein solches Signal nicht vorhanden, ist die Endlage durch Beobachten der Weichenzungen zu prüfen.

In moderneren Anlagen existiert eine einfache Fahrwegsicherung. Die Weichenzungen werden vor dem Befahren durch eine elektromechanische Verschlusseinrichtung formschlüssig verriegelt. Der Verschluss tritt dabei direkt an der Weiche und nicht in einer übergeordneten Bedienebene ein. Die Verriegelung wird bei Annäherung des Zuges selbsttätig aktiviert (z. B. durch eine Induktionsschleife). Für solche Weichen ist immer ein Weichensignal vorhanden, das dem Fahrer anzeigt, dass sich die Weiche in der Endlage befindet und verriegelt ist. In diesem Fall darf die Weiche mit der zulässigen Geschwindigkeit befahren werden. Die Verriegelung bleibt bestehen, bis die Weiche befahren und wieder freigefahren wurde. Dies wird durch meist zwei aufeinander folgende Induktionsschleifen festgestellt. Durch die Reihenfolge des Befahrens der Induktionsschleifen kann festgestellt werden, dass ein Zug den Auflösepunkt in der richtigen Fahrtrichtung vollständig passiert hat. Eine echte Gleisfreimeldung gibt es jedoch nicht, da Zugtrennungen nicht angenommen werden und ohnehin auf Sicht zu fahren ist. Anstelle von Induktionsschleifen können zum Aktivieren und Auflösen der Verriegelung auch andere Detektionssysteme (z. B. Gleisstromkreise, Schienenkontakte) verwendet werden. Dabei können in komplexeren Knoten auch mehrere Weichen zu einfachen Fahrstraßen zusammengefasst werden, die gemeinsam gestellt, verschlossen und aufgelöst werden. Wenn die zugbewirkte Auflösung versagt, muss der Fahrer des nächsten Zuges die Weichen vor Ort mechanisch mit einer Stellstange umstellen. Dies ist auch bei einer verriegelten Weiche möglich, da beim Umstellen vor Ort die Verriegelung gelöst wird.

Viele Straßenbahnbetreiber zeigen dem Fahrer mit einem zusätzlichen Signal an, dass die Weiche zurzeit nicht stellbar ist, da sie noch von einer anderen Fahrt blockiert wird. Abb. 3.2 zeigt die Signalbilder der Weichensignale der BOStrab.

Bei den meisten Straßenbahnbetrieben werden vor Verkehrsknoten die Fahr- und Weichensignale zusammen an einem Mast angeordnet (Abb. 3.3). Dies führt teilweise zu einer Häufung der zu beachtenden Signalgeber und kann den Fahrer bei Unaufmerksamkeit zur unzeitigen Weiterfahrt verleiten, wenn das Fahrsignal bereits für den vorgesehenen Fahrweg freigegeben ist, die Weiche aber noch nicht richtig liegt.

Einige Betriebe bevorzugen daher eine räumliche Entkopplung der Fahr- und Weichensignalisierung. Dabei werden unmittelbar vor dem Verkehrsknoten nur die Fahrsignale angeordnet. Die Weichensignale befinden sich in einer gewissen Entfernung (meist ca. eine Zuglänge) vor dem Knoten und sind in Grundstellung

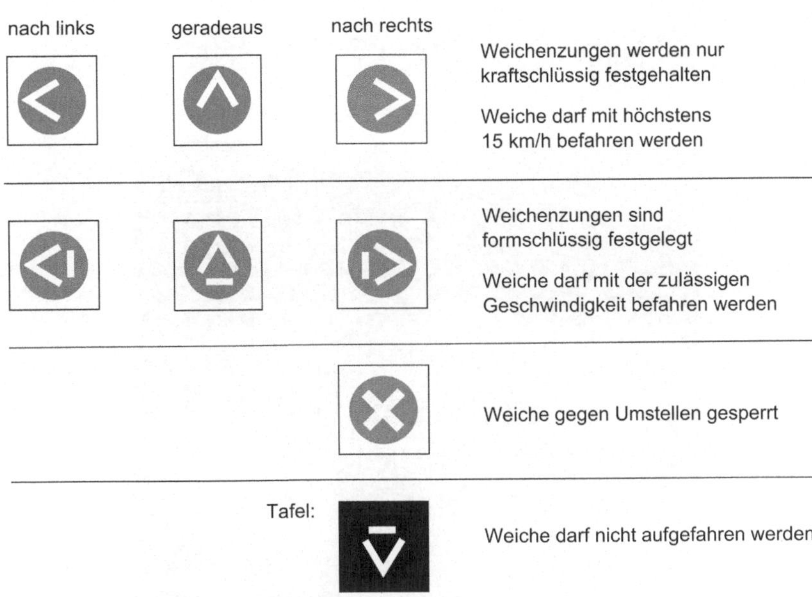

Abb. 3.2 Signalbilder der Weichensignale nach BOStrab

dunkel. Bei Annäherung eines Zuges werden die Weichen rechtzeitig angesteuert, sodass das Weichensignal vor dem Passieren des Zuges angeschaltet wird und dem Fahrer die Weichenlage anzeigt. Beim anschließenden Halt vor dem Knoten kann sich der Fahrer auf die Fahrsignale konzentrieren und wird nicht durch gleichzeitige Anzeige von Weichensignalen irritiert. Dieses Verfahren hat jedoch den Nachteil, dass, wenn zum Zeitpunkt der Annäherung eines Zuges die Weiche noch durch einen anderen Zug blockiert wird, dem Fahrer keine Weichenlage signalisiert werden kann. Der Fahrer kann dann vor dem Knoten die Weichenlage nur durch Beobachtung der Zungen prüfen und muss die Weiche entsprechend vorsichtig befahren. Damit ist dieses Verfahren nur für Netze mit mäßiger Betriebsdichte geeignet. Auch gibt es immer wieder Knoten, bei denen die Weichen erst nach dem Halt vor dem Knoten gestellt werden können. In diesem Fall muss auch das Weichensignal unmittelbar vor dem Knoten stehen.

Viele Straßenbahnweichen sind nicht nur auffahrbar ausgeführt, sondern dürfen auch jederzeit aufgefahren werden. Weichen, bei denen das Auffahren nicht zulässig ist, werden häufig in stumpf befahrener Richtung durch eine Signaltafel gekennzeichnet.

Abb. 3.3 Beispiel für die Anordnung von Fahr- und Weichensignalen am gleichen Mast (Leipziger Verkehrsbetriebe)

3.3   Weichen mit vorgezogener Zungenvorrichtung

Bei einer Weiche mit vorgezogener Zungenvorrichtung befindet sich die Zungenvorrichtung in einem größeren Abstand vor dem Herzstückbereich der Weiche. Im Bereich der Zwischenschienen liegt ein Vierschienengleis (Abb. 3.4). Solche Weichenkonstruktionen werden aus zwei Gründen eingebaut:

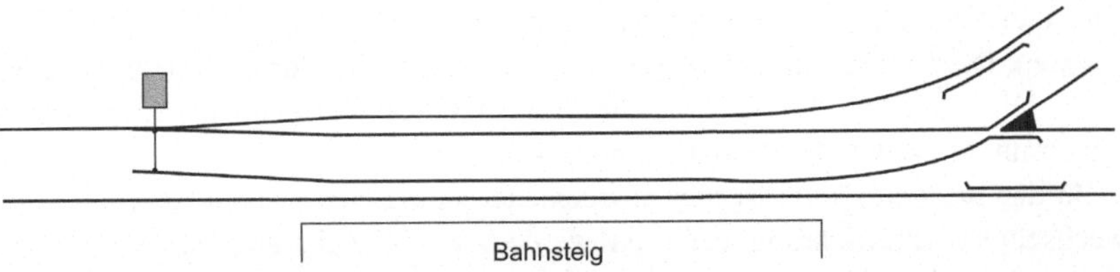

Abb. 3.4 Weiche mit vorgezogener Zungenvorrichtung

- wenn die Zungen in einem engen Bogen liegen würden und man sie durch das Vorziehen in einen Bereich verschiebt, wo sie einfacher eingebaut werden können
- als Vorsortierweiche bei langen Haltestellen vor Knoten mit verzweigenden Fahrwegen.

Bei der Anwendung als Vorsortierweiche wird die Zungenvorrichtung im Bereich einer Haltestelle so weit vorgezogen, dass das zwischenliegende Vierschienengleis mehrere Züge aufnehmen kann. Wenn aufeinander folgende Züge in die Haltestelle einfahren, deren Fahrwege sich hinter der Haltestelle verzweigen, werden zwischen den Zügen die Zungen umgestellt, sodass die Züge im Bereich der Haltestelle auf unterschiedlichen Schienenpaaren fahren. Beim Freiwerden des Fahrsignals können die Züge auf sich verzweigenden Fahrwegen zügig nacheinander abfahren, ohne dass noch Weichen gestellt werden müssen. Der seitliche Versatz der auf dem Vierschienengleis im Bereich der Haltestelle stehenden Züge ist bei zwei Schienenpaaren noch akzeptabel. Bei einem Knoten mit zwei abzweigenden Fahrwegen werden seltener auch beide Zungenvorrichtungen vorgezogen. Dabei wird aber in der Regel nur eine Zungenvorrichtung vor den Bahnsteig vorgezogen und die Zungenvorrichtung der weniger wichtigen Abzweigung hinter der Haltestelle angeordnet. Ein Vorziehen beider Zungenvorrichtungen vor den Bahnsteig würde im Bereich der Haltestelle ein Sechsschienengleis mit starkem seitlichen Versatz der Züge erfordern.

3.4   Abschnitte mit Begegnungsverbot

In vielen Straßenbahnnetzen gibt es bauliche Engstellen im Straßenraum, bei denen der für Zugbegegnungen erforderliche Gleisabstand nicht hergestellt werden kann. Wenn sich das Begegnungsverbot auf eine größere Länge erstreckt, wird meist ein eingleisiger Streckenabschnitt mit Weichen auf beiden Seiten vorgesehen. Die Einfahrt in den eingleisigen Abschnitt wird durch Fahrsignale gesichert. Die einfachste Lösung besteht darin, dass sich im eingleisigen Abschnitt immer nur ein Zug befinden darf (Abb. 3.5).

In den meisten Fällen ist dies ausreichend, da die eingleisigen Abschnitte mit wechselnder Fahrtrichtung befahren werden. Bei Annäherung an den eingleisigen Abschnitt wird über Gleisschaltmittel die Einfahrt angefordert. Wenn der eingleisige Abschnitt nicht durch einen Zug beansprucht ist, wird die Einfahrt freigegeben und das Fahrsignal der Gegenrichtung in der Haltstellung gesperrt. Gleichzeitig wird der vor diesem Fahrsignal angeordnete Signalgeber für den Signalbegriff „Halt erwarten" eingeschaltet, um einem zulaufenden Zug der Gegenrichtung anzuzeigen, dass die Einfahrt in den eingleisigen Abschnitt gesperrt ist. Nach Einfahrt in den eingleisigen Abschnitt wird auch das Fahrsignal der eigenen Richtung in der Haltstellung gesperrt. Wenn sich zum Zeitpunkt der Annäherung noch ein Zug im ein Abschnitt befindet, wird die Anforderung der Einfahrt zunächst nur eingespeichert. Die Einfahrt wird freigegeben, sobald der Zug den eingleisigen Abschnitt verlassen hat. Das Verlassen des eingleisigen Abschnitts wird durch ein hinter der Weiche angeordnetes, richtungsselektiv wirkendes Gleisschaltmittel detektiert (z. B. eine Anordnung von zwei kurzen Gleisstromkreisen oder Induktionsschleifen), das der Zug zum Freigeben des Abschnitts in der korrekten Richtung vollständig überfahren muss. Dies ähnelt der Lösung zum Auflösen festgelegter Weichen. Um innerhalb längerer eingleisiger Abschnitte Folgefahrten gleicher Richtung zu ermöglichen, kann eine Signalanlage mit Zugeinzählung vorgesehen werden. Dabei können mehrere Züge gleicher Richtung in den Abschnitt eingezählt und beim Verlassen wieder ausgezählt werden. Die Gegenrichtung ist gesperrt, solange Züge im Abschnitt eingezählt sind.

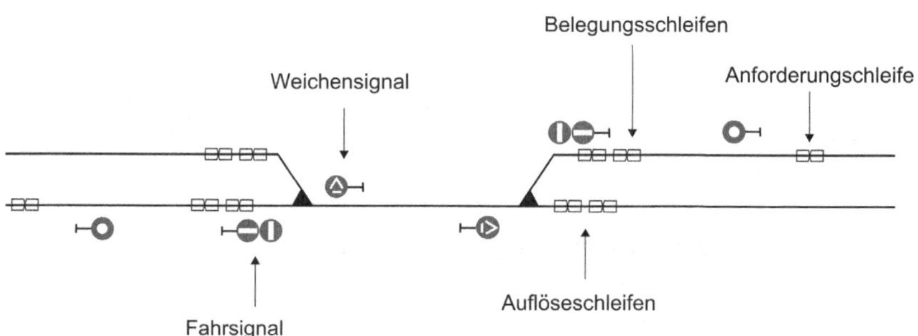

Abb. 3.5 Charakteristische Lösung einer Streckensicherung für einen eingleisigen Abschnitt

Bei Begegnungsverboten auf kurzen Längen wird anstelle eines eingleisigen Abschnitts oft eine Gleisverschlingung angeordnet. Dabei überschneiden sich die Gleise mittels zweier Herzstücke gegenseitig, sodass im Bereich der Engstelle ein Vierschienengleis verlegt wird (Abb. 3.6). Dem höheren Materialaufwand des Vierschienengleises steht als Vorteil der Wegfall beweglicher Teile gegenüber. Auf kurzen Längen ist eine Gleisverschlingung kostengünstiger als ein eingleisiger Abschnitt mit Weichen. Mitunter besteht im Bereich des Begegnungsverbots auch nur ein verringerter Gleisabstand ohne Überschneidung der Gleise. Bei übersichtlichen Verhältnissen kann die Sicherung solcher Abschnitte ohne Signalanlagen durch Beachten von Vorfahrtsregeln erfolgen. Es kann aber auch eine Fahrsignalanlage vorhanden sein. Die Steuerung erfolgt entweder im Anforderungsbetrieb in Analogie zur Sicherung eingleisiger Abschnitte oder durch Einbindung in eine Lichtsignalanlage des allgemeinen Straßenverkehrs. Letzteres ist vor allem dann üblich, wenn die Gleisverschlingung von einer Straße gekreuzt wird.

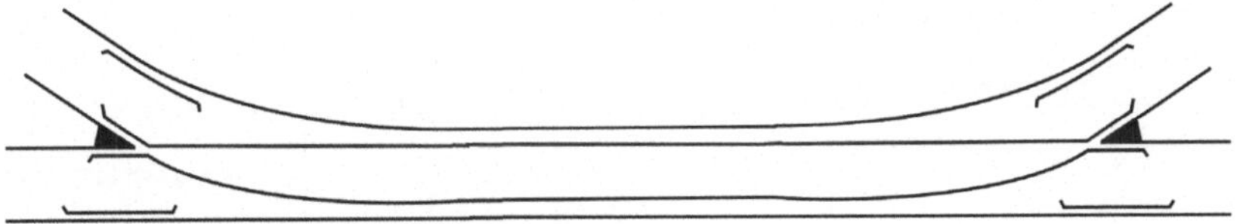

Abb. 3.6 Gleisverschlingung

Rückfallebenen 4

Wegen der hohen Zugdichte bei Bahnen im Stadtverkehr sind die bei Eisenbahnen üblichen und mit zeitraubenden betrieblichen Hilfshandlungen verbundenen Rückfallebenen zur Weiterführung des Betriebes im Störungsfall nicht oder nur mit Einschränkungen anwendbar. Dies betrifft speziell die Behandlung von Störungen der Zugfolgesicherung bei Stadtschnellbahnen und Straßenbahnen auf Strecken mit Zugsicherung sowie die Verfahren zur Weiterführung des Betriebes bei Sperrung eines Streckengleises. Bei komplexen Fahrwegstörungen, z. B. Unbedienbarkeit oder fehlende Überwachung wichtiger Weichen, ist eine ersatzweise Weiterführung des Betriebes im betroffenen Bereich häufig gar nicht mehr möglich. Dann bleibt oft nur die Lösung, den Zugbetrieb im betroffenen Bereich einzustellen und die Linien in den begrenzenden Betriebsstellen mit Zugwendung zu brechen (Kehrbetrieb). Je nach Struktur des Netzes werden die Fahrgastströme entweder auf andere Linien umgeleitet, oder es wird Schienenersatzverkehr eingerichtet.

4.1 Störungen der Zugfolgesicherung

Das auf nach EBO betriebenen Fernbahnen übliche Verfahren, bei Störung des selbsttätigen Streckenblocks die Bedingungen für das Fahren im Raumabstand im Rahmen der sogenannten Räumungsprüfung durch das Stellwerkspersonal feststellen zu lassen, ist auf Stadtschnellbahnen wegen der dichten Zugfolge vielfach nicht anwendbar. Stattdessen wird im Störungsfall im betroffenen Blockabschnitt auf Sicht gefahren. Zur Vorbeifahrt an Absoluthaltsignalen, das sind alle Signale, die einen ortsfesten Gefahrpunkt decken, ist dazu ein Auftrag des Fahrdienstleiters erforderlich (Abb. 4.1). An selbsttätigen Signalen, die keinen ortsfesten Gefahrpunkt decken, ist bei vielen Stadtschnellbahnen zugelassen, bei Haltstellung ohne

© Springer Fachmedien Wiesbaden GmbH 2017
J. Pachl, *Sicherungstechnik für Bahnen im Stadtverkehr,* essentials,
DOI 10.1007/978-3-658-16414-0_4

Abb. 4.1 Stellwerkssignal der U-Bahn Berlin. Das rote Mastschild kennzeichnet dieses Signal als Absoluthaltsignal

Auftrag des Fahrdienstleiters vorsichtig auf Sicht vorbei- und weiterfahren dürfen. Bei diesen, allgemein auch als „permissives Fahren" bekannten Verfahren müssen die Signale, an denen die Weiterfahrt ohne Auftrag auf Sicht erlaubt ist, für den Triebfahrzeugführer eindeutig gekennzeichnet sein. Üblich sind entweder Mastschilder oder die Verwendung eines besonderen Haltbegriffs („Permissivhalt").

Da der Triebfahrzeugführer bei Halt an einem solchen Signal nicht erkennen kann, ob das Signal wegen einer Störung oder wegen eines noch nicht geräumten Blockabschnitts auf Halt steht, kann es vorkommen, dass ein Zug auch ohne Vorliegen einer Störung auf Sicht in einen besetzten Blockabschnitt nachfährt. Dies ist formal ein Verstoß gegen die EBO, die das Abweichen vom Fahren im

Raumabstand nur bei Störungen und Gleissperrungen erlaubt. Die Anwendung dieses Verfahrens setzt daher auf nach EBO betriebenen Stadtschnellbahnen eine Ausnahmegenehmigung des Bundesministers für Verkehr voraus. Eine solche Ausnahmegenehmigung von der EBO besteht derzeit für die mit Gleichstrom betriebenen Strecken der S-Bahnen in Berlin und Hamburg. In der BOStrab besteht eine solche Einschränkung nicht. Auf nach BOStrab betriebenen Stadtschnellbahnen und Straßenbahnen auf Strecken mit Zugsicherung ist das permissive Fahren daher allgemein üblich.

Beim permissiven Fahren kann eine Gefährdung eintreten, wenn ein selbsttätiges Signal nach der Vorbeifahrt eines Zuges fehlerhaft in der Fahrtstellung verbleibt. Die Blockabhängigkeit verhindert in so einem Fall, dass das rückliegende Signal wieder auf Fahrt gehen kann. Wenn es sich dabei um ein Signal handelt, das die permissive Weiterfahrt erlaubt, könnte ein folgender Zug dieses Signal ohne Auftrag auf Sicht passieren und würde dann am folgenden Signal einen Fahrtbegriff antreffen, obwohl der dahinter liegende Blockabschnitt noch durch einen vorausfahrenden Zug besetzt sein kann. Zur Beherrschung dieser Gefährdung gibt es zwei Lösungen. Die betrieblich effektivere besteht darin, selbsttätige Signale hochzuverlässig auf Halt zu stellen, sodass das fehlerhafte Verbleiben in der Fahrtstellung nicht mehr anzunehmen ist. Dies lässt sich durch redundante Haltfallkriterien erreichen, indem z. B. das Signal sowohl durch das Besetzen eines Gleisstromkreises als auch durch einen Schienenkontakt auf Halt gestellt wird. Bei Verwendung von Achszählern zur Gleisfreimeldung wird ein fehlerhaftes Verbleiben des Signals in der Fahrtstellung allerdings generell nicht mehr angenommen. Wenn die sichere Haltstellung eines selbsttätigen Signals nicht garantiert werden kann, ist die Regel einzuführen, dass nach dem Passieren eines Halt zeigenden Signals (permissiv oder mit Auftrag des Fahrdienstleiters) das Fahren auf Sicht immer über mindestens zwei Abschnitte zu erfolgen hat. Der Triebfahrzeugführer muss also nach dem Passieren des ersten Fahrt zeigenden Signals einen weiteren Abschnitt auf Sicht fahren.

4.2   Weiterführung des Betriebes bei Sperrung eines Streckengleises

Stadtschnellbahnen und Straßenbahnen auf Strecken mit Zugsicherung
Strecken für Stadtschnellbahnen und Straßenbahnen mit Zugsicherung sind grundsätzlich zweigleisig. Bei vorübergehender Sperrung eines Streckengleises muss der Betrieb im betroffenen Abschnitt auf dem verbleibenden Gleis im Zweirichtungsbetrieb durchgeführt werden. Dafür gibt es folgende Lösungen:

- Gleiswechselbetrieb
- Stichstreckenbetrieb
- zeitweise eingleisiger Pendelbetrieb.

Im Gleiswechselbetrieb (Abb. 4.2a) sind die Streckengleise einer zweigleisigen Strecke sicherungstechnisch für Zweirichtungsbetrieb ausgerüstet (Erlaubniswechsel), sodass jederzeit Züge unter Sicherung des Streckenblocks das Gegengleis befahren können. Dazu müssen lediglich in den Betriebsstellen, die den vorübergehend eingleisigen Abschnitt begrenzen, geeignete Überleitverbindungen vorhanden sein. Ein Problem besteht jedoch darin, dass die Leistungsfähigkeit im eingleisigen Abschnitt stark absinkt, oft auf weniger als 25 % der Leistungsfähigkeit der zweigleisigen Strecke. Damit kann ein einzelner eingleisiger Abschnitt den Betrieb einer kompletten Linie zum Zusammenbruch bringen. Eine mögliche Lösung ist, einen Großteil der Züge in den Betriebsstellen vor dem eingleisigen Abschnitt wenden zu lassen und nur einen der verfügbaren Restleistungsfähigkeit entsprechenden Anteil im Gleiswechselbetrieb durch den eingleisigen Abschnitt zu führen. Problematisch ist dabei, dass mit den im eingleisigen Abschnitt verkehrenden Zügen die Fahrgastzahlen oft nicht bewältigt werden können.

Eine Alternative ist der Stichstreckenbetrieb, bei dem die zweigleisige Strecke in zwei eingleisige Stichstrecken aufgeteilt wird (Abb. 4.2b). Auch die Gleissperrung

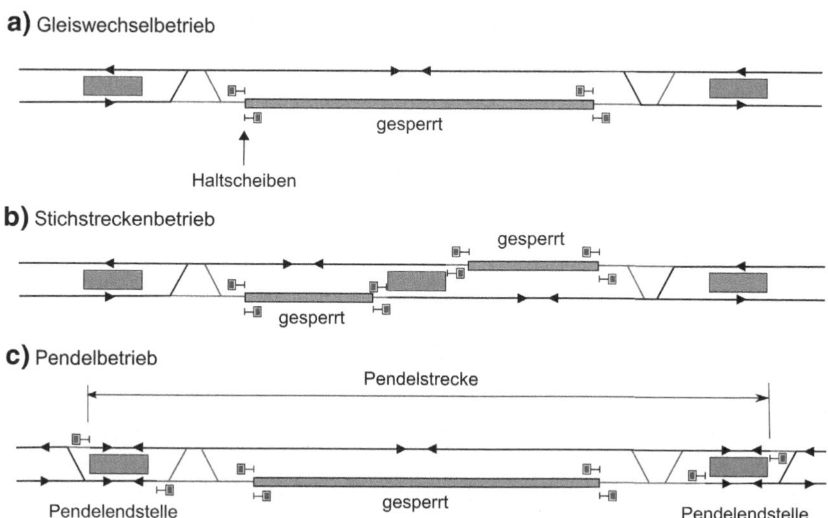

Abb. 4.2 Rückfallebenen bei Sperrung eines Streckengleises

ist entsprechend aufzuteilen. Da dabei kein durchgehender Zugverkehr mehr stattfindet, müssen die Fahrgäste an einer geeigneten Station zwischen den Stichstrecken umsteigen. Gegenüber dem Gleiswechselbetrieb ergibt sich aus kapazitiver Sicht der Vorteil, dass der Kapazitätsverlust durch die Richtungswechsel geringer ist. Da der längste Abschnitt die Leistungsfähigkeit bestimmt, ist der Vorteil am größten, wenn es gelingt, die beiden Stichstrecken etwa gleich lang vorzusehen. Nachteilig ist gegenüber dem Gleiswechselbetrieb, dass Folgefahrten in gleicher Richtung nicht möglich sind. Die Vorteilhaftigkeit ist daher im Einzelfall in Abhängigkeit vom Betriebsprogramm abzuwägen.

Bei umfangreicheren Bauarbeiten gehen viele Betreiber noch einen Schritt weiter und richten den zeitweise eingleisigen Pendelbetrieb ein. Dabei wenden alle Züge vor dem eingleisigen Abschnitt. Im eingleisigen Abschnitt wird eine Pendelstrecke eingerichtet, auf der ein einzelner Zug im Shuttle-Betrieb zwischen den diesen Abschnitt begrenzenden Betriebsstellen, den sog. Pendelendstellen, pendelt (Abb. 4.2c). In den Pendelendstellen müssen alle Fahrgäste in den Pendelzug umsteigen. In der Pendelstrecke werden häufig die Signalanlagen außer Betrieb genommen und alle Weichen dauerhaft verschlossen, entweder durch Einzelsicherung im Stellwerk oder durch Anbringen von Handverschlüssen vor Ort. Da sich in der Pendelstrecke immer nur ein Zug befindet, entfällt die Notwendigkeit der Zugfolgesicherung. Eine sicherungstechnische Ausrüstung für Zweirichtungsbetrieb ist daher nicht erforderlich. Das beim Gleiswechselbetrieb beschriebene Problem, dass die Restleistungsfähigkeit im eingleisigen Abschnitt nicht ausreicht, um das Fahrgastvolumen zu bewältigen, wird im zeitweise eingleisigen Pendelbetrieb dadurch gelöst, dass als Pendelzug eine besonders lange Zugeinheit verkehrt, die die Fahrgäste von mehreren, auf den Pendelendstellen wendenden Zügen aufnehmen kann. Bei sehr langen eingleisigen Abschnitten kann es dabei zur Erzielung einer ausreichenden Leistungsfähigkeit erforderlich werden, den eingleisigen Abschnitt auf mehrere, aneinander anschließende Pendelstrecken aufzuteilen. Dies führt für die Fahrgäste zu zusätzlichen Umsteigevorgängen zwischen den Pendelzügen. Bei Straßenbahnen ist der Pendelbetrieb allerdings nur anwendbar, wenn Zweirichtungsfahrzeuge vorhanden sind.

Für eine ausführlichere Diskussion der Anwendung dieser Rückfallebenen aus Sicht der Betriebsplanung wird auf (Schnieder 2015) verwiesen. Dort wird ergänzend auch noch der im Einleitungstext zum Kap. 4 erwähnte Kehrbetrieb beschrieben, bei dem der Betrieb auf beiden Gleisen eingestellt wird und alle Züge auf den begrenzenden Betriebsstellen wenden. Die Fahrgastbeförderung im gesperrten Bereich erfolgt entweder durch Schienenersatzverkehr oder durch Umleiten der Fahrgäste auf alternative Linien. Da es sich dabei nicht um eine Rückfallebene mit Weiterführung des Betriebes im betroffenen Bereich handelt, wird darauf hier nicht weiter eingegangen.

Straßenbahnen auf Strecken ohne Zugsicherung

Da auf zweigleisigen Straßenbahnstrecken ohne Zugsicherung im Regelbetrieb im Sichtabstand gefahren wird, steht bei vorübergehend eingleisigem Betrieb keine Sicherungsanlage für den Gegenfahrschutz zur Verfügung. Eine praktikable Alternative zur kostenintensiven Nachrüstung einer Fahrsignalanlage stellt die Tokensicherung dar. Bei diesem Verfahren, das im Ausland auch auf Fernbahnen bekannt ist, gibt es für den eingleisigen Abschnitt ein „Token" in Form eines physischen Zeichens (meist in Form eines Zugstabes). Eine Einfahrt in den eingleisigen Abschnitt ist nur zulässig, wenn sich das Token auf der Seite des Abschnitts befindet, von der aus in den Abschnitt eingefahren werden soll. Zum Wechsel der Fahrtrichtung wird das Token durch den Triebfahrzeugführer zur Gegenstelle transportiert. Auf Straßenbahnen löst man das einfach auf die Weise, dass die Fahrtrichtung planmäßig nach jeder Zugfahrt wechselt, sodass jeder Zug immer das Token mitführen muss. Beim Verlassen des eingleisigen Abschnitts übergibt der Triebfahrzeugführer des ausfahrenden Zuges das Token direkt an den Triebfahrzeugführer des nächsten in den Abschnitt einfahrenden Zuges, ohne dass eine Mitwirkung örtlicher Mitarbeiter nötig ist (Abb. 4.3).

Aufgrund der geringeren Leistungsfähigkeit des eingleisigen Abschnitts ist sichergestellt, dass beim Verlassen des Abschnitts immer bereits ein Gegenzug auf die Einfahrt wartet, so dass der den eingleisigen Abschnitt verlassende Zug immer einen „Kunden" für die Übergabe des Tokens vorfindet. Wenn ein Wechsel der Fahrtrichtung nach jedem Zug nicht möglich ist, kann ein „lebendes Token"

Abb. 4.3 Übergabe eines Tokens (Zugstab) zwischen den Triebfahrzeugführern bei der Görlitzer Straßenbahn. (Foto: Lindner)

in Form eines Lotsen benutzt werden. Dabei wird auf einer Seite des eingleisigen Abschnitts ein Lotse postiert, der allen Züge eine Zustimmung geben muss, in den Abschnitt einzufahren. Zum Wechsel der Fahrtrichtung fährt der Lotse mit einem Zug zur Gegenstelle und nimmt dort seinen Platz ein.

Im Ausland sind bei Fernbahnen auch kompliziertere Formen der Tokensicherung in Form eines elektrischen Tokenblocks in Verbindung mit Blockgeräten im Einsatz (Pachl 2016b). Als Rückfallebene für Straßenbahnen kommen solche Systeme jedoch nicht zum Einsatz und werden daher hier nicht besprochen.

Das Prinzip der Tokensicherung wurde früher auch auf Stadtschnellbahnen zur ersatzweisen Weiterführung des Betriebes bei gestörter Kommunikationsverbindung zwischen örtlich besetzten Betriebsstellen benutzt. Dabei wurde vorsorglich für jedes Streckengleis ein Token (z. B. bei der ehem. Deutschen Reichsbahn in Form des sog. Erlaubnisscheins) auf der Betriebsstelle vorgehalten, die im Regelbetrieb Züge in dieses Streckengleis einlässt. Bei gestörter Verständigung zwischen den Betriebsstellen durfte die Betriebsstelle, bei der sich das Token befand, Züge im Sichtabstand in das betreffende Streckengleis einfahren lassen. Zum Wechsel der Fahrtrichtung wurde das Token, wie oben beschrieben, dem Triebfahrzeugführer mitgegeben. Die Tokensicherung mit Erlaubnisschein war bei der Berliner S-Bahn noch bis Mitte der 1990er Jahre in Gebrauch. Mit dem nahezu vollständigen Wegfall örtlich besetzter Stellwerke wurde dieses Verfahren obsolet.

- Wichtiges Grundwissen zur Sicherungstechnik im schienengebundenen ÖPNV
- Kenntnisse zur Anwendung der Zugsicherung nach BOStrab und zum Betrieb von Bahnen ohne Zugsicherung

© Springer Fachmedien Wiesbaden GmbH 2017
J. Pachl, *Sicherungstechnik für Bahnen im Stadtverkehr,* essentials,
DOI 10.1007/978-3-658-16414-0

Literatur

Eisenbahn-Bau- und Betriebsordnung (EBO). (8. Mai 1967). zuletzt geändert durch Art. 2 V v. 19.11.2015 (BGBl I S. 2105).

Pachl, J. (2016a). *Systemtechnik des Schienenverkehrs – Bahnbetrieb planen, steuern und sichern* (8. Aufl.). Wiesbaden: Springer Vieweg.

Pachl, J. (2016b). *Besonderheiten ausländischer Eisenbahnbetriebsverfahren. Grundbegriffe – Stellwerksfunktionen – Signalsysteme.* Wiesbaden: Springer Vieweg.

Schnieder, L. (2015). *Betriebsplanung im öffentlichen Personennahverkehr: Ziele, Methoden Konzepte.* Wiesbaden: Springer Vieweg.

Verordnung über den Bau und Betrieb der Straßenbahnen (Straßenbahnbau- und –betriebsordnung – BOStrab). (11. Dezember 1987). (BGBl I S. 2648). zuletzt geändert durch Art. 1 V v. 8.11.2007 (BGBl I S. 2569).

© Springer Fachmedien Wiesbaden GmbH 2017
J. Pachl, *Sicherungstechnik für Bahnen im Stadtverkehr,* essentials,
DOI 10.1007/978-3-658-16414-0